贰阅｜阅爱·阅美好
ERYUE

让阅读走心

让阅历丰盛

IT'S
ATTACHMENT

A New Way of Understanding Yourself
and Your Relationships

读懂依恋

拥抱更好的亲密关系

Annette Kussin

［加］安妮特·库辛◎著

韩凝◎译

国际文化出版公司

·北京·

图书在版编目（CIP）数据

读懂依恋：拥抱更好的亲密关系 / (加) 安妮特·
库辛著；韩凝译. — 北京：国际文化出版公司，
2022.8

ISBN 978-7-5125-1370-9

Ⅰ.①读… Ⅱ.①安…②韩… Ⅲ.①心理学—通俗
读物 Ⅳ.① B84-49

中国版本图书馆 CIP 数据核字（2022）第 071031 号

北京市版权局著作权合同登记 图字 01-2022-2482

读懂依恋：拥抱更好的亲密关系

作　　者　［加］安妮特·库辛
译　　者　韩　凝
总 策 划　陈　宇
责任编辑　侯娟雅
特约编辑　范朝颖　商金龙
封面设计　零创意文化
出版发行　国际文化出版公司
经　　销　全国新华书店
印　　刷　北京晨旭印刷厂
开　　本　880 毫米 × 1230 毫米　　32 开
　　　　　7.25 印张　　　　　　　148 千字
版　　次　2022 年 8 月第 1 版
　　　　　2022 年 8 月第 1 次印刷
书　　号　ISBN 978-7-5125-1370-9
定　　价　58.00 元

国际文化出版公司
北京朝阳区东土城路乙 9 号　　邮编：100013
总编室：（010）64270995　　传真：（010）64270995
销售热线：（010）64271187
传真：（010）64271187-800
E-mail：icpc@ 95777.sina.net

感谢我的丈夫、女儿，

感谢你们坚定不移地爱我、支持我。

感谢你们给予我灵感，

感谢你们助我拥有安全型依恋。

目 录 / Contents

自　序　01

前　言　05

第一章　什么是依恋?　/ 001

如果亲密关系让你感觉自己不是一路磕磕绊绊就是一直兜兜转转,
而你寻路无方、求助无门,那么不妨尝试一下了解自己与亲密关
系的新方式 ——依恋。

什么是依恋?　005

依恋是如何形成的?　006

依恋关系的影响　015

第二章　儿童、青少年依恋 / 017

我们如何理解儿童、青少年？如何读懂他们的行为和感受？我们如何理解、读懂曾经的自己？可以从了解儿童、青少年依恋开始。

儿童、青少年依恋的四种类型　019
无安全感的依恋能否在童年、青春期得到改变？　035

第三章　成人依恋 / 041

通常，童年时期发展出的依恋类型会延续至成年期，无安全感的依恋模式继续对亲密关系造成影响。但成人拥有更多的力量，足以让自己跳出恶性循环。

成人依恋与儿童、青少年依恋的异同　043
成人依恋的四种类型　048
有些成人拥有多种类型的依恋　059
有些成人可拥有获得性安全感　062

第四章　成人依恋与伴侣选择 / 069

是你的成人依恋，让你和对方走到一起，又让你们分开；也是你的成人依恋，让你很难走出对象不同、剧情却雷同的爱情轮回。

当情感丰富的人遇上情感缺失的人　　072
为何深陷虐恋无法自拔？　　077
决定我们选择伴侣的背后推手　　079

第五章　成人依恋与大脑　/ 083

养育者与你互动的经验决定了你会拥有怎样的大脑，而你拥有怎样的大脑决定了你会有怎样的情感体验、外在反应与互动模式。

行为与大脑的关系　　086
依恋模式与大脑的关系　　094

第六章　识别自己的依恋类型　/ 105

当一个成人有认知自己的依恋类型及改变它的意愿时，他就可以创造更舒适、更健康的亲密关系模式。

识别自主型依恋　　108
识别痴迷型依恋　　110
识别疏离型依恋　　113

识别未化解型依恋　　115

识别主要依恋类型与次级依恋类型　　117

第七章　改变依恋类型，做有安全感的成人 / 119

我们的目标是发展出自主型依恋，拥有获得性安全感。我们要相信，关系是安全的、滋养的，自己值得持续的爱和关心。

以发展出自主型依恋为目标　　123

改变痴迷型依恋　　126

改变疏离型依恋　　136

改变未化解型依恋　　147

检测当前的伴侣是否还适合你　　156

第八章　改变消极反应，学会良好互动 / 161

我们可以以不同于过往的方式理解、应对关系中的冲突，并因此感受到与伴侣之间的爱、情感和满足。

良好的互动：有责备也有修复　　163

化解羞耻感　　168

读懂依恋：拥抱更好的亲密关系

第九章　调整内在自我，养育有安全感的孩子 / 173

即使还未发展出自主型依恋，建立获得性安全感，我们也可以通过调整内在自我，养育出有安全感的孩子。

痴迷型依恋父母的特点及改变策略　179
疏离型依恋父母的特点及改变策略　181
未化解型依恋父母的特点及改变策略　186

结　　语　了解依恋类型，重塑亲密关系　193
致　　谢　199
参考文献　201

自 序

　　我是社会工作者（简称"社工"），也是心理治疗师。在二十出头的年纪，我成了一名社工。那时候的我对于成为心理治疗师毫无兴趣，我想成为的，是社区工作的组织者，这份工作可以帮助住在市中心贫民区的人们，让他们在土地拥有者和政客对他们所属的社区做决策时发声。这份工作我做了好几年，它不仅重要，还让我感到成功地帮助了社区的弱势群体，让他们拥有发言权。直到快三十岁的时候，我任职于一家精神病医院，才开始意识到我难以面对病患们的强烈情绪。这一领悟首次将我引入了治疗领域。我加入了一个治疗团体。几周后，我竟成了一名助理治疗师。其他成员会与大家分享痛苦和悲伤，与大家同哭泣、共愤怒，并参与所有激发情绪的练习，而我却认为所有练习都是那么惺惺作态而且毫无用处，我拒绝参与其中。在某一个游戏环节中，其他成员一致认为我是荒岛求生的最佳伴侣，只因我理性、冷静，而非能提供情感支持或具有性吸引力。

我多希望自己那时候就意识到也许我过于理智了，难以与自己的感受连接，也难以表达，尤其害怕接近男人。一直以来我都是过着单身生活，我专注于自己的事业、兴趣、健身以及朋友。又过了好几年，我才意识到"过于理智，无法连接、表达感受，害怕接近男人"这些问题的重要性。在自我觉察这条道路上，我尝试过各种不同的治疗方法：团体治疗、精神分析、完形疗法，以及传统的心理治疗。在某种程度上，大多数疗法都对我有帮助，但是没有一种疗法对我的情感表达能力或深入亲密关系产生深远影响。在亲密关系中，保持距离这一模式一如既往地跟随我。

成为儿童心理健康中心的临床主任后，我对依恋理论产生了兴趣。正是这一理论帮助我理解到：孩子之所以让人觉得难以相处，都是缘于养育者和孩子之间的关系。我阅读了关于依恋理论的书，参加了依恋理论的课程，开始将以依恋理论为中心的模式放到与被领养儿童及其家庭的工作中。我花了数年时间提升有关这一模式的知识和技能，与著名的依恋专家丹尼尔·休斯（Daniel Hughes）以及其他专业人士共事。但当时的治疗重点仍是孩子和父母，我还没有把这一理论应用到自己身上。

为了更好地理解领养孩子的父母，并弄清楚他们为何在领养孩子后遇到的困难都各不相同，我对成人依恋理论及成人依恋的不同类型的兴趣越发浓厚。

在阅读有关成人依恋类型的内容，尤其是玛丽·梅因（Mary Main）博士的研究时，我惊讶地看到了自己的影子。在亲密关系中我表现的所有行为：回避心仪的男士，难以连接感受，专注于事业，更重视聪明和智力，以及对忙碌的需求等，都出现在同一依恋类型——疏离型依恋（Dismissing Attachment）的描述中。

我得以了解了自己的依恋类型，以及我如何成为现在的"模样"。但是我要如何改变呢？在我所阅读的书籍和文章中，如何改变一个人的依恋类型鲜少被提及。在过去的十多年里，这方面的书籍越来越多，但绝大多数是写给专业人士看的。很少有人著书立说，只为让普通人了解他们自己的依恋类型，并着手改变。这是我写这本书的原因。

或许你在亲密关系中正面临着困扰——难以亲密，难以许下承诺；或许你在亲密关系会快速依赖他人，过分苛求；又或许亲密无间的关系会让你惊恐不已。这些问题在依恋理论中都有所描述。希望你可以找到符合自己的成人依恋类型的详解，这会让你对自己的性格，以及亲密关系中行为模式的了解豁然开朗。希望这本书能够有效地帮助你获得更多的理解，引领你成为具备自我价值感和安全感的人，帮助你学会选择健康的伴侣，同时成为可以将这份安全感传递给孩子的父亲或母亲。

本书包含可改变有问题的相处模式的各种理念和指导方法，希望这些方法可以帮助你建立相互亲密、健康、充满爱的关系。

前　言

选择了这本书的你，也许在与伴侣、恋人或是某位亲属的关系中正面临苦恼；也许正饱受没有安全感的困扰，想让自己好起来；也许曾涉猎过各类化解关系难题、解决不安全感的书籍，甚至接触过个人治疗或伴侣治疗；也许身边有人因一段关系而满腹苦楚，你想要提供帮助；也许只是好奇，想要以全新的方式理解自己和他人在亲密关系中的行为模式……无论是什么驱动你选择了这本书，我诚恳建议你，读下去。

本书旨在为你提供一种新的方式，以了解自己及你所建立的亲密关系。希望本书能够帮助你理解，为什么你会选择当前的伴侣，为什么你在亲密关系中会有这样或那样的反应；能够帮助你更加善待自己，更加理解伴侣，并帮助你改变亲密关系中的有害模式。

本书中的心理学理论被称为依恋理论。什么是依恋理论？这与其他有关自我意识、关系的观点有何不同？依恋理论相信：我们之所以成为现在的我们，之所以在关系中具备当前的性格及行为，都是缘于婴幼儿时期父母的抚养方式。尽管其他理论也对我们的存在方式有着相似的理念和解释，但依恋理论具备独特而有价值的观点。在本书中，我将全面解释人们早期的经历，以及这些经历如何在成年之后持续对人们产生影响。

我想与你分享这一能够帮助你理解自己、理解亲密关系的理论，它对我的重要性不可估量——不仅体现在我作为职业心理治疗师的工作中，也体现在我作为一个成人，在亲密关系中苦苦挣扎的生活中。四十多年来，我一直在为儿童、家庭、夫妻和个人提供咨询和治疗。我自己也接受了多位心理治疗师的治疗。这些治疗方式多种多样，包括精神分析、传统心理治疗、完形疗法，以及团体治疗。大多数方式对我都很有帮助，我的确更好地了解了自己，以及亲密关系中的挑战。然而，依恋理论给我带来的帮助是莫大的。

在职业生涯中，我也曾使用不同的治疗观点和模式为很多人提供治疗，也曾督导并培训过许多专业人员。我曾担任家庭治疗课程的负责人，以及儿童心理健康中心的临床主任，因此我也影响了为儿童、青少年及其家庭提供帮助的项目的临床方向。虽然那时我对依恋理论很熟悉，但我并没有很好地理解它，也没有将它运用到我的治疗工作中。

回顾自己的职业生涯，我是多么希望那时的我就拥有现在的理解。如果我可以将自己在依恋理论中的见解传授给我的来访者、学生和同事，相信那必然会带来更为深刻、持久的改变。

成为为学龄前儿童服务的儿童心理健康中心的临床主任后，我对依恋这一理解人际关系的视角更加感兴趣了。那些孩子在很小的年纪就已出现喜怒无常、郁郁寡欢的状态，他们与父母、同龄人、日托机构工作人员的关系也出现了重大问题。这些年幼的孩子究竟经历了什么，以至于如此困扰？答案非常明显——他们的父母，尤其是母亲，也深受困扰。父母无法满足他们的需求，在自己的成人关系中也面临着巨大的挑战。

此时，依恋理论对我来说更加重要了，它不仅能够帮我理解这些年幼的孩子及其父母，还能帮我为他们提供帮助。我非常想学习更多关于这一理论的知识，并把它应用于帮助儿童及其父母上。强烈的兴趣使我阅读了当时可供阅读的书籍和文章，并参加了该领域领军人物的研讨会。然而彼时并没有太多的信息或培训可供选择。

依恋理论是由英国的精神病学家约翰·鲍尔比（John Bowlby）提出的。他和他的同事们，尤其是玛丽·安斯沃思（Mary Ainsworth）和玛丽·梅因，认为婴儿会本能地通过哭闹、微笑、挥舞胳膊和腿，以及发出声音等行为，向母亲或其他养育者传达他们的需求，母亲或其他养育者对这些信号或行为的反应决定了婴儿是否拥有安全感。玛丽·安斯沃思和玛丽·梅因还制订了观察、记录这些行为的研究方案。玛丽·梅因开始逐渐相信：母亲在与他人的连接中已经具备了模式，这些模式将会影响她们的养育方式。她丰富了成人依恋的分类，制订了如何评估这些分类的方法。我将在本书中讨论这些类别。

最终我师从当时著名的依恋理论取向心理治疗师——丹尼

尔·休斯博士，成为其学习团体的一员。团体成员定期会面，分享彼此的案例，并听取丹尼尔·休斯博士的建议。那时我的主要工作聚焦于被领养儿童及其家庭，所以我便将依恋理论运用其中，以理解这些儿童的问题。

在我将依恋理论运用于被领养儿童治疗的几年里，依恋取向治疗领域发生了翻天覆地的变化。一些孩子面临着极端的问题，而传统疗法收效甚微。为了了解来自福利院或在曾经的家庭中遭遇过严重忽视、虐待的孩子，心理治疗师们进行了大量的实验和研究，使用了很多新方法。这些孩子往往因早期经历而遭受严重创伤，极难信任试图照顾他们的成年人。他们通常表现出控制欲强、攻击性强、挑衅的行为，或非常依赖、渴求欲强、黏人的行为。依赖性强的孩子愿意依附于任何给予他们关注的成年人，与这些孩子互动非常有挑战性，他们在接受我的治疗时也会出现类似的行为。他们竭力避免各类脆弱情感，方式可谓花样百出。

通常，面对被领养儿童时，我的工作是针对整个家庭的——帮助父母和孩子觉察、表达隐藏在困难行为底层的感受。我的目标是帮助父母为孩子打造一个安全的环境，让孩子可以尝试冒险——信任这个全新的家庭。

大多数父母相信自己可以为领养的孩子提供安全又快乐的家庭，但他们无法理解为什么这些孩子并不感恩新家，也没有在接受他们的养育和关爱后改善自己扭曲的观念和不信任的行为。

有些父母能够保持冷静，维持耐心，能够理解他们领养的孩子因在福利院或问题家庭中的经历而伤痕累累，且无法信任他人。这类父母能够使用我所提供的干预措施，并理解被领养儿童需要数年才能够建立信任。有些父母则开始愤怒，排斥孩子，指责孩子，甚至自己也丧失了安全感。这类父母无法理解自己领养的孩子被早期的依恋类型深深影响着，也无法使用我提供的干预措施。我越来越清晰地看到，父母与其领养的孩子之间的关系激活了父母自己儿时被抚养的经历，以及他们自身的成人依恋类型。

我开始更多地研究成人依恋，虽然这一优秀的理论在当时已经出现了，但主要都用于研究。我参加了一门课程，以更多地学习有关评估成人依恋类型的知识。这是一个漫长而艰难的过程，我并不知道这对我的成人来访者有什么帮助。这门课程通过倾听、记录有关童年特定问题的答案并对此进行评分，来帮助成人来访者评估、识别自己的成人依恋类型。但是，这门课程并没有帮助我弄清楚如何将得到的结果应用到那些在养育子女方面有困难，或他们自己在成人关系方面有困难的成年人身上。然而，作为一名临床医生，成人依恋的描述对我来说是很有意义的。我可以从来访者养育孩子的模式中看到各种依恋行为。我知道我必须想办法让这些依恋行为"物尽其用"。

我开始向我的来访者解释成人依恋理论，并向他们说明我认为他们所具备的成人依恋类型。这一理论不仅让我醍醐灌顶，对他们来说也同样意义非凡 —— 帮助他们理解了为什么自己会在不安全感的旋涡里挣扎，为什么会执着于有害的关系模式。最重要的是，这一理论帮助我认识到了自己的成人依恋类型。在关于疏离型依恋的描述中，有不少都符合我。我在关系中面临的挑战，以及我这一生所获得的所有成功，都可以从成人依恋的视角来理解。让我深感懊恼的是，我没有早一点从依恋的视角理解自己，理解我的来访者，没有早一点在我的职业生涯中应用它。

后来，我对成人依恋有了更深的理解，也创造了一套基于依恋理论的针对个人、夫妻、父母的治疗模型。现在我也正将这一模型教授给其他专业人士。希望这本书不仅可以让身处助人领域的专业人士了解成人依恋，也可以惠及每一个成年人、每个身为父母的人、每位伴侣。希望你可以通过了解自己的成人依恋类型，来理解依恋是如何影响你对自己的看法，如何影响你在亲密关系中的期待和模式，以及如何影响你人生和亲密关系中的挑战的。希望在理解了这一切之后，你可以获得全新的认知。希望你不仅能获得全新的视角，还能学会我提供的技巧和干预措施。

请带着这份全新的认知，开始尝试改变你自己，改变你的亲密关系和你的育儿方式吧。

第一章

什么是依恋？

如果亲密关系让你感觉自己不是一路磕磕绊绊就是一直兜兜转转，而你寻路无方、求助无门，那么不妨尝试一下了解自己与亲密关系的新方式 —— 依恋。

成年后，我们大多数人都在亲密关系中遭遇过困扰。也许你选择阅读本书恰是因为你正面临关系中的挑战，想要寻找理解问题的全新角度。这些问题可能让你的关系在一个阶段内陷入困境，只不过没有发生重大危机就过去了；或者这些问题引发了更大的危机，以至于你需要接受心理治疗，与伴侣尝试分居或真正分居，甚至走向离婚。也许你翻开本书只是因为维持一段糟糕的关系让你感到无助，对于改变不抱希望，而离开又太可怕、太复杂。

或许你是那种在关系中焦虑又愤怒的人，因伴侣的生活中有其他人存在而感觉受到威胁，对伴侣充满强烈的愤怒，无法控制自己的情绪；或许你是封闭情感的人，无法向伴侣表达感受和需求；又或许你是一个容易恐惧的人，无法信任他人，内在混乱重重。

此外，你的模式也可能是不断寻找约会对象身上的缺点，所以你现在还没有处在成人的亲密关系中。你坚定地认为自己遇到的每一个人都不是对的人。但是现在年岁渐长，约会进展越发不顺利，孤独的你渴望进入亲密关系，也好奇这一切究竟会如何发生。

在关系中，或许你想把问题归咎于伴侣或孩子，但是你内心深处总是有一个喋喋不休的声音告诉你：这些问题你也有不可推卸的责任。也许你并未向他人承认过，甚至对自己都否认，但是自我觉知潜藏在你的内心。

大多数人都想理解为什么我们是现在这个样子，为什么我们在关系中会有这样的行为，为什么我们与不同的人相处却重复着相同的模式，为什么我们这样做父母。这样审视自己会令人痛苦，甚至会让我们觉得自己不够好。尽管我们努力回避这种痛苦的自省，然而内在诚实的声音告诉我们：我们对自己的问题至少负有部分责任。

或许你接受过治疗——个人治疗或夫妻治疗，或者都尝试过。你的治疗也许是短期的，关注的是改变自己的思维和行为；也许是长期的，你探索自己的过去、感受，获得对自己的觉知。或许你与伴侣一起咨询，一起探索关系中的有害模式，寻找改变这些模式的方法。治疗或许在一段时间内对你有所帮助，然而那些老旧的有害模式总是能找到机会潜回，你可能会因为自己或伴侣毫无改变而更加沮丧、困惑；又或者治疗对你来说就是劳而无功——要么是因为你觉得心理治疗师不理解你，要么是治疗方式既不适合你也不适用于你的问题。

因此，正如自序和前言中提到的，我想向你介绍一种理解自己和亲密关系的方式——依恋。在儿童心理学这一专业领域，依恋并非新兴理论，几十年来它一直被用来理解、预测亲子关系，以及理解被领养的孩子。但是近来，依恋理论逐渐被心理健康领域的专业人士引用，以理解成年人，了解他们对自己的看法，成年后与父母的关系，在成年关系中的模式，以及与子女的关系。对你来说，这可以帮助你理解自己，理解自己的感受，理解自己表达情绪的方式，理解自己的不安全感及自我怀疑，理解你在亲密关系中让自己不快乐、不满足的模式，以及在亲子关系中不佳的育儿方法。

什么是依恋？

依恋是婴儿与其主要养育者（通常是母亲）之间的一种深刻而持久的连接，这种连接在婴儿出生后的几个月至几年中形成。它深刻地影响着人类生活的每一个组成部分：意识、身体、情感、关系、价值观和自我认知。这种深刻的连接在儿童及成人的无意识层面运作。

现在，依恋被研究人员和心理治疗师用来理解儿童及成年人在人际关系中的无意识、无觉知模式。这一理论在 20 世纪 50 年代由约翰·鲍尔比博士提出，他挑战了当时的人格发展理论。

约翰·鲍尔比博士相信，我们每个人生来就处在亲密关系中，并以此在生理和情感层面幸存。时至今日，这一理论仍在帮助心理治疗师和研究者理解：一个人的童年发生过什么，会让他在儿时、成年后发展出有安全感或没有安全感的依恋类型。一个人的依恋类型也会影响他成为父母后的育儿方式，影响他的下一代发展出有安全感或没有安全感的依恋类型。

依恋是如何形成的？

所有人生来就具备向养育者表达需求和愿望的本能。这一本能可以确保我们在生理和情感层面得以生存。我们需要被喂养，需要足够的睡眠，需要被清洁，需要可预知的方式，从而得以生存，保持健康。我们需要的养育是包含爱和关怀的养育，这样我们才能在情感层面茁壮成长。每一个婴儿生来就具备哭泣、微笑、咿咿呀呀、大笑、挥动手臂和腿的能力。通过这些行为，他们可以告诉养育者自己开心还是不开心，是否满足，比如是否需要喂食、哄睡、换纸尿裤，或者是否感到身体不适。

大多数养育者都具有本能，可以对婴儿的沟通方式或信号做出回应。然而有些养育者却不具备这种本能，所以婴儿需要很早就学会如何吸引养育者的注意，以得到喂养和其他基本需要的满足。婴儿也希望能获得情感上的滋养。别忘了，婴儿如果得不到喂养和照料，他们会死去；如果得不到情感上的滋养，他们的内心就会死去。养育者与婴儿互动的方式会留在婴儿的潜意识中，贯穿他们的一生。这对你来说意味着：为了确保父母或其他养育者足够亲近、可以照顾好你，你所发展出的方式会成为你的模式，与其他人建立亲密感时，该模式也会运作。这一模式也许健康，也许不健康，但它是你建立亲密感的方式。

我将使用"主要养育者"的说法来表达最初与婴儿连接最深的人。在大多数社会中，这个角色都由母亲承担——母亲生育孩子，大多数时候都具备母乳喂养的能力，通常也能够在婴儿出生的最初几个月居家照料。与此同时，婴儿会本能地向母亲表达自己的需要，母亲也会本能地做出回应。主要养育者也可以是养父母、祖父母，或者机构、家庭所雇佣的照料人。如果母亲是家庭的经济支柱，或者父母双方有平等的育儿关系，那么父亲也可以是主要养育者。现代社会也塑造了其他的家庭结构，所以母亲并非绝对是婴儿的主要养育者。

安全型依恋的形成

婴儿需要靠近自己的主要养育者，以确保自身的生理需要及情感需要得到满足。与婴儿连接紧密的主要养育者会通过婴儿的行为信号，及时了解他们的需要或愿望。这样主要养育者就知道，某种特定的哭声意味着婴儿饿了，某种哭声意味着婴儿累了，某种紧迫的哭声可能意味着婴儿现在非常不开心。主要养育者需要花些时间搞清楚究竟是什么让婴儿如此不安，也许是胃部不适，也许是身体抱恙，也许是严重的尿布皮炎或者其他需要进一步检查的问题。

如果你有孩子，你也许还记得第一次回应他哭声的情景。你可能认为造成他哭泣的不过是那些常见的原因：纸尿裤湿了、饿了、累了或者身体不舒服。你检查了所有你能想到的，很快就弄清楚了他需要什么。没过多久你就了解了他的不同类型的哭泣和动作代表的含义。我记得我的女儿在累了的时候会发出一种特定的哭声，同时还会拽自己的耳朵，我发现，如果我放任她哭一小会儿，不久她就会进入梦乡。

但是，在你给孩子喂完奶，换完纸尿裤，也检查了所有其他可能造成不适的原因后，孩子仍旧止不住地哭泣，那么你能做的就只剩下安抚这个不安的孩子了。也许你得花样百出地尝试，直到你找到某个特定的动作、某个抱他的姿势，或某种特定的安抚音调，才能让他安顿下来。这一切需要花费时间。但是，如果你是一个有安全感的养育者，你会耐心地、平静地坚持下去，直到弄清孩子的哭泣究竟意味着什么，而你需要做些什么才能满足他的需要。

我的女儿还是个小婴儿的时候，曾经有几个月让她很难熬。她一刻不停地号啕大哭，似乎不论我做什么都无法安抚她，无法让她平静下来。家庭医生向我保证，从医学角度看她没有任何问题，所以我需要尝试各种动作，以找到能够安抚她的方式。

我照做了，从左右摇晃到上下摇摆，从轻拍后背到轻抚腹部。所有努力都没有成功，直到我发现当我的膝盖弯曲，轻轻上下摇晃她时，她终于破涕为笑。虽然这样让我的膝盖痛苦万分，但是女儿终于开心了。我把这一秘诀教给了丈夫和亲近的朋友，让他们可以在我的膝盖难以忍受时接替我安抚女儿。

能够了解、感受婴儿的内心并做出回应，会让婴儿感受到你能理解他们的需要和感受，这是调和。所谓调和，就是养育者能够感受到婴儿的压力，然后使用声音和情绪来传达对婴儿情绪状态的感知，并安抚、安慰婴儿。主要养育者在婴儿开心、满足的时候表达自己的喜乐愉悦也是调和。如果主要养育者能够了解婴儿的需求并满足婴儿，同时安慰婴儿，就可以帮助婴儿建立对他们的信任。婴儿表达需求和感受，主要养育者精准回应，这样的互动发生得越频繁，婴儿就会越有安全感，越信任他人。婴儿感到被理解，以信任的方式连接主要养育者，这就是安全型依恋（Secure Attachment）。

然而，即便是最好的主要养育者也有无暇顾及婴儿的时候，所以你不需要要求自己成为完美的主要养育者。婴儿会传达很多信号，比如时而大声哭泣、时而挥舞手臂和腿，如果错过了第一次沟通，你也无须紧张，只要能够及时到婴儿身边，及时安抚紧张的婴儿，那么婴儿最终就会平复下来，也会相信主要养育者会回应自己，并且能够调和自己的内在状态。

焦虑－矛盾型依恋的形成

当主要养育者经常由于自身的需求和情绪处于不稳定的状态时，婴儿会变得焦虑、愤怒和困惑。主要养育者可以与婴儿充分接触，婴儿因此体验到与主要养育者的亲密关系。但主要养育者时常无法做到——也许他正沉迷于自己的问题，或深陷成年关系中的种种不快乐而无法自拔。这种情况下，婴儿会试图通过更强烈的信号以表达自己的需求——哭得越来越大声，直到主要养育者不得不注意到为止。然而这种关注可能伴随着恼火、焦虑、愤怒和疲惫，婴儿并没有因此体验到安全感，以及所需的温暖和滋养。

主要养育者反复无常的变化会让婴儿感到愤怒、焦虑，他们无法相信主要养育者会留意自己的需要，会为自己喂食、换纸尿裤，会把自己从摇篮里抱出来或者满足自己的任何需要。这样的婴儿渴望来自主要养育者的亲密和安慰，但又无法相信主要养育者会规律性地出现。他们与主要养育者不在一起时会极度痛苦，但与主要养育者在一起时又感受不到丝毫安慰。这些婴儿非常依赖自己的主要养育者，但这种依赖使他们感到焦虑、无助和愤怒。

被反复无常的主要养育者抚养的婴儿长大一点后，会觉得自己必须留意主要养育者的情绪，以分辨主要养育者是否能够接近。他们也会相信自己在沟通的时候必须强势地提要求，只有这样才能够得到关注。当他们成为蹒跚学步的幼儿和学龄儿童时，会继续保持对主要养育者的依赖，但仍旧无法相信主要养育者能够始终如一。在主要养育者无暇顾及的时候，他们会异常愤怒，可能会对主要养育者大吼大叫、大打出手或者咬主要养育者。然而，他们又担心自己的愤怒会将主要养育者推开。为了再次拉近与主要养育者的距离，他们道歉，表现出可爱甜美、天真害羞的样子，甚至会假装生病，以确保主要养育者可以照顾他们。这种模式在关系中是非常有害的。我把这种孩子称为"推拉式孩子"——他们通过苛求和强势的感受及行为将主要养育者拉近。这看似在操纵，却是他们确保自己对于亲密感的需要得以满足的唯一方式。之后，被主要养育者拒绝和忽视的恐惧又会被激发，他们再度将主要养育者推远。这些孩子的内心总是愤怒又焦虑的，他们发展出的是焦虑–矛盾型依恋（Anxious–Ambivalent Attachment）。

　　我的一位来访者在婚姻中很挣扎——她既对丈夫非常愤怒，又担心丈夫会离开自己。尽管她的婚姻很不稳定，但她和丈夫还是决定生个孩子。婚姻中的挣扎，以及对丈夫的不信任，让她心力交瘁，这让她很少关注孩子。她来找我咨询时，只带了孩子。到我这里的时候，孩子正在睡觉，但是很快就睡醒并闹了起来。这位来访者一开始忽略了孩子，也许是希望孩子可以自己睡着。但孩子哭了起来，这时来访者才不耐烦地看向孩子。她递给孩子一个玩偶，试图分散孩子的注意力，但这样让孩子哭得更大声了。她又递去奶嘴儿，换来的安静也不过一小会儿。最终孩子号啕大哭，导致来访者无法专注咨询。她不得已照顾孩子，给孩子换纸尿裤、拿奶瓶，整个过程充满了烦躁。她清晰地告诉孩子：母亲的心并不在这里，所有的照顾都是被要求的。这一模式如果持续下去（我觉得这是必然的），这个孩子就会觉得自己必须要求母亲照顾自己，满足自己的需求，无法相信母亲的照顾是来自母性的本能。这个孩子正发展出焦虑－矛盾型依恋。

回避型依恋的形成

当主要养育者拒绝、充满敌意、冷漠和无暇顾及时，婴儿或孩童就会学会疏离，以防止自己意识到在与主要养育者的关系中，自己的需要或愿望得不到满足。这样的婴儿或孩童会避免或拒绝与难以接近的主要养育者互动。他们会把任何关于感觉、需要、愿望的意识推开，因为这些不会被主要养育者满足。被拒绝太痛苦了，他们无法承受。

有些孩子会通过反向照顾主要养育者，或成为完美的孩子，来得到关怀和爱，甚至只求一些关注和赞扬。然而，这样的关怀、爱和关注仍旧需要这些孩子否认或推开自己的需要、愿望和感受，需要这些孩子去服务自己的主要养育者。这些孩子以此学会了不表达脆弱、愤怒或悲伤的感受。那些必须成为出色的曲棍球运动员或者取得全优成绩，而只为得到父母认可的孩

　　　　　　　　　　　　　　读懂依恋：拥抱更好的亲密关系

子，就是这一类型的典型范例。他们也许表现得强大自立，但是这都基于这样的信念：他们无法相信他人会照顾自己，他们得自食其力。他们意识到自己在学业上不能求助于人，也不能将在曲棍球、足球、游泳、音乐或其他任何方面面临的挑战分享给主要养育者。这样的孩子无法获得渴望已久的情感支持，会发展出回避型依恋（Avoidant Attachment）。

曾经有一个家庭来找我咨询，原因是他们的大女儿受到了性虐待。他们家里有4个孩子，最小的是3岁左右的男孩。在第二次咨询的过程中，母亲谈及她自己、她与父母的问题，以及她与女儿、丈夫的问题。另一边，那个3岁左右的男孩正试图把玩具的盖子取下来。他自顾自地努力着，显然没有力量，也不知道该怎么做。父母都没注意到他在苦恼，整个过程他也完全没有向父母寻求帮助。最终我问他是否需要帮助，他这才向我走来。可即使那时，他的父母也没有让他到自己身边并提供帮助。我帮他取下玩具的盖子后，他就自顾自地离开了，走到了远离父母和兄弟姐妹的地方自己玩了起来。这个小男孩让我感到很难过，也让我理解了为什么这家的大女儿在经历虐待之后没有向父母求援。这两个孩子都在很早时就明白父母无法给予他们安慰和支持，他们学会了自食其力。

由于外界的需求或者满满当当的家务，任何主要养育者都有无暇顾及孩子的时候；其他孩子生病或者有特殊需要，也有可能导致主要养育者临时缺席；又或者主要养育者经历了情绪糟糕的一天，无法提供情感支持。主要养育者偶尔的缺失并不会促使孩子形成回避型依恋，只有当主要养育者的拒绝和无暇顾及已成生活常态或长时间持续时，孩子才会发展出回避型依恋。

混乱型依恋的形成

遭受忽视，或遭受情感、身体、性虐待的孩子会处在非常混乱的状态中。在感到恐惧或遇到伤害的时候，孩子会本能地向主要养育者寻求安慰和保护。但是，如果恐惧和痛苦的根源是主要养育者，孩子该怎么办？孩子的内心会非常矛盾：一方面渴望冲向主要养育者以寻求保护，另一方面又需要逃离主要养育者。这对孩子来说太困惑、太混乱了。孩子要么选择反抗，要么选择逃跑，逃避主要养育者带来的伤害，要么选择冻结内心，什么都不做。有些孩子会选择其中一种行为，以保护自己。但是有些孩子由于过于恐惧、不知所措，会在不同的时间选择不同的行为，这样的孩子的依恋类型是混乱型依恋（Disorganized Attachment）。

玛乔丽 3 岁的时候，父亲开始对她施以猥亵，最初只是抚摸和爱抚，玛乔丽觉得那是充满爱、具有安慰感的行为。但是有天母亲叫她时，她正准备告诉母亲她和父亲在一起，父亲却严厉地将她推进衣橱，警告她不许发出声音。直到那时，玛乔丽才感受到恐惧，才意识到不好的事情正发生在自己身上。她在衣橱里凝固般地站立着，一言不发。她是那么困惑：这感觉美好的抚摸来自父亲，一个她本应信赖的男人，然而面对母亲时却必须躲躲藏藏。抚摸一如既往地继续，玛乔丽学会了在这一切发生时呆若木鸡地僵在原地，她从未告诉过任何人发生的一切。

依恋关系的影响

主要养育者与孩子之间的互动模式如果一再重复，就会成为孩子熟知的、预期会发生的依恋模式。孩子将这一模式内化，并逐步发展成看待他人、看待自己的信念，即孩子对所有人际关系的预期。这一信念深深根植于孩子的大脑中，并在认知之外运作。这会成为孩子所有关系的模板，而不仅仅是"父母—孩子"这一关系的模板。这一模板成为孩子在所有重要关系中的默认模式，在依恋理论中，它被称为内在工作模式。这一默认模式在无意识中运作，并在孩子进入青春期、成年之后依旧影响着他在关系中与他人相处的方式。当孩子逐步成熟、逐渐长大成人，依恋行为也许看似有所改变，但是其根源仍旧取决于潜藏的信念，取决于这些信念是积极的、信任关系中的亲密感的，还是消极的、不信任关系中的亲密感的。

　　你可能会怀疑甚至拒绝这种观点，不相信在你与父母或其他养育者的关系中发生的事情，会影响你成年后的关系。这本书将帮助你了解童年经历是如何存在于现今生活中的，也会帮助你了解这些影响会如何呈现在你当前的关系中。最重要的是，这本书将引导你洞察不健康的模式，并提供改变这种状况的实际干预措施。

　　依恋理论让我们了解到，即便一个人在童年时经历了糟糕的养育，也仍旧可以成为具有安全感的成年人。如果你可以诚恳地探索童年经历，觉察童年经历对你的影响，允许自己缅怀渴望已久却从未获得的东西，勇于冒险改变当下的自己与当前的关系，你就可以发展出获得性安全感（Earned Security）。也许不同于很多孩子——他们充满爱的安全型父母赋予了他们安全型依恋，你可以通过自我觉察和冒险改变来获得安全感。

　　后文会帮助你更好地理解童年、青春期、成年生活中的依恋，同时也会讲解依恋如何根植于我们的大脑，在神经系统层面影响我们的理解。我也会分享我的来访者接受依恋取向治疗的过程，以及如何帮助你改变自己，在成年生活中发展出有安全感的依恋。

第二章

儿童、青少年依恋

我们如何理解儿童、青少年？如何读懂他们的行为和感受？我们如何理解、读懂曾经的自己？可以从了解儿童、青少年依恋开始。

我们都希望在关系中获得安全感，体会爱和安稳。有些孩子有幸体会过，有些孩子则没有。依恋理论能够帮助我们理解，体会过安全感和爱的孩子与没有体会过安全感和爱的孩子身上都发生过什么。

儿童、青少年依恋的四种类型

安全型依恋

如果孩子的养育者是充满爱和滋养的，能够时刻在孩子身边，能够觉察、回应孩子的需求，能够从孩子身上体会喜悦，能够在孩子难过、受伤或生病时提供支持，孩子就会发展出安全型依恋。他们因此能信任大多数人，相信亲密的关系是愉悦的，是可以提供安全和安慰的，相信他们自己是可爱的，值得拥有美好的关系。同时他们也相信，自己进入社会后，父母或其他养育者仍旧可以在他们遇到难题、感到恐惧或生病的时候为他们提供安慰和支持。

这样的孩子通常可以与同龄人发展良好的关系，也可以与老师、生活中的其他成年人建立积极的关系。同龄人关系良好源于他们重视这些关系，能够接受其他孩子与自己的差异。通常他们不评判他人，具有灵活性，甚至有能力毫无惧色地接受他人的拒绝。如果在生活中遇到具有伤害性或会削弱自信心的挑战，他们也能够在父母，或其他体贴的成年人的支持和鼓励下，重新振作起来。

拥有安全型依恋的孩子在学会走路、掌握语言之后，能够使用恰当的词语表达自己的感受，能够连接自己的感受，并在不失控的情况下表达出来。这样的孩子有能力感受愤怒、悲伤、焦虑、恐惧的情绪，并不会过度反应。他们相信自己所表达的感受会被成年人听到，自己会得到安慰。他们知道如何在必要的时候安慰自己：可能会在睡觉、半夜惊醒、生病或害怕时用毛绒玩具、某块特殊的手帕、某件衣服或其他玩具来安抚自己。当自己远离家庭或者发生了让人不安的事情时，他们也知道如何以健康的方式让其他成年人为自己提供安慰。他们更喜欢父母的安慰，但是当父母不在身旁时，他们也有能力认识到大部分成年人是安全的、令人安心的。

拥有安全型依恋的青少年在社交、学业和情感方面通常都非常成功。他们会将依恋关系转移到同龄人身上，通常会选择健康、成功的朋友及恋爱对象。年龄稍大一些的青少年能够与同龄人建立拥有更多相互性的关系，能够彼此支持、彼此协商、彼此妥协。他们能够在恋爱关系破裂之后恢复正常。他们也许会向同龄人寻求建议和安慰，但是会在高度紧张或需要成年人的支持和抚慰时回到父母或其他养育者身旁。他们既能够做到尊重权威，也能够在具备足够的独立思考能力和道德感之后，以尊重的方式挑战权威。

前段时间，我以前的一位来访者介绍其女儿来我这里。这位来访者在治疗过程中解决了依恋问题，她很担心自己的女儿，因为女儿刚刚与交往很久的男友分手，似乎有些抑郁。当我见到这个女孩时，她衣着得体。我发现她不仅是个好学生，还交友甚广。与男友分手让她悲痛不已，她开始失眠，食欲不佳，这些都是抑郁的征兆。她能够体会到自己被拒绝的痛苦。然而，她也能够与支持自己的朋友交心，能够继续保持社交，同时在各类活动中收获喜悦。她哭得出来，感受得到自己的痛苦，同时也在拿回对情绪的掌控权，并恢复交流。在治疗过程中，她探索了与前男友的关系，并认识到他们之间的确有问题。几个月后，她觉得分手的问题已经解决，也认识到走到分手的地步，两个人都有责任。我相信她会运用这份觉察为下一段关系另觅良人。她有足够的安全感，能够从失落和拒绝中重新振作。

这就是在童年和青春期拥有安全型依恋对我们的帮助，是我们希望自己的孩子能拥有的，也是我们每个人都值得在童年时就获得的。

焦虑－矛盾型依恋

焦虑－矛盾型依恋的孩子不认为成人或同龄人是可靠的、是值得信赖的，因为他们的主要养育者非常不可靠。他们对他人的拒绝和阴晴不定非常敏感，正因为这份敏感，他们经常误解朋友或其他成人的行为。同时他们掌控情绪的能力也很弱，当他们揣测自己的朋友、老师或其他人没有关注自己的时候，就会产生极端愤怒的反应。

处于愤怒状态时，这些孩子可能会对自己的养育者、老师或朋友出言不逊、大喊大叫，甚至出现攻击行为。愤怒的感觉如此强烈，其他所有渴望关爱、需要他人的感受都被倾覆了。但等到愤怒平息，对他人的需求和对关怀的渴望就会重新浮出水面，这时他们又会为自己的行为感到抱歉，试图重新连接那个被他的愤怒推远的人。对于朋友和其他成年人来说，这样的方式最初可能会奏效。但是愤怒的戏码如果反复上演，朋友们最终会离开，老师也会将这样的孩子视为班级的难题。

艾米是一个由单亲母亲抚养的 8 岁女孩。她的母亲总是担心自己的男友，总是在跟朋友或艾米的外婆"煲电话粥"。这位母亲交往过很多男友，艾米实在无法理解母亲为什么不能和一个人稳定地交往下去。艾米有时会对母亲非常愤怒，但又会害怕母亲离开自己。她最想要的不过是母亲能多陪陪她，当母亲有时间陪她玩游戏或者看电视的时候，她再开心不过了。

艾米从去日托所开始就出现了很多问题。她不愿意离开母亲，白天在日托所的时候也一直想着母亲，好奇母亲在做什么，为什么不能陪在自己身边。由于愤怒、胡闹，她在日托所惹了不少麻烦。她也试图表现好一些，但是一旦老师开始关注其他孩子，她就会制造一些问题，将老师的关注吸引回来。

在学校，艾米与其他孩子有很多矛盾，她并不受人喜爱。一位名叫帕特丽夏的女孩来到艾米的班级，艾米跟其一见如故。她们很快成为最好的朋友，课间一起玩耍，甚至课后也形影不离。艾米非常开心，直到有一天，她来到学校，看到帕特丽夏正在跟其他女孩玩耍。艾米顿时怒发冲冠，想都没想就冲向帕特丽夏，并告诉她，自己恨她，永远不想跟她做朋友了。尽管帕特丽夏不明所以，但是仍旧向艾米表达了歉意，也不再跟其他女孩说话了。那一天帕特丽夏一直陪在艾米身边。然而当帕特丽夏告诉母亲这一切时，她的母亲却告诉她，有别的朋友是非常重要的，艾米的占有欲太强了。帕特丽夏的母亲看到艾米限制自己的女儿后，开始邀请其他女孩，最终斩断了帕特丽夏和艾米的友谊。艾米每天都给帕特丽夏打电话，试图让其离开其他女孩，还给帕特丽夏带了糖果等礼物……最终，艾米认为帕特丽夏就是一个混蛋，也不再尝试与其交好了。

艾米的这一模式也存在于她与其他人的关系中。而且，她一旦认为老师没有给她足够的关注，就会对老师产生愤怒的情绪。

像艾米这样的孩子，身上具有的依赖和苛求行为会导致生活中的其他孩子及成人拒绝他们，进而强化他们觉得自己不可爱，以及其他所有人都不值得信赖、无法理解自己、无法陪伴自己的信念。这样的孩子进入青春期后，性格中的信念就会变得根深蒂固，很难改变。

到了青春期，焦虑－矛盾型依恋的孩子，就像艾米，会在学校出现学习问题，行为会被老师和父母视作异常，他们还会与其他青少年出现尖锐的矛盾。他们情绪控制能力较差，会表现出更具攻击性的行为。尤其在感到被忽略时，他们在关系中会越发想要操纵对方，也会继续保持依赖他人及不信任他人的状态。

艾米进入青春期后，会不顾一切地发展恋爱关系，但是会时刻警惕男友在哪里、做什么。她会利用自己的吸引力和女性魅力确保男友不变心，也许会在十几岁的年纪就与男友发生性关系。如果她觉得男友无暇顾及自己，哪怕他是忙于学校作业、体育活动或与朋友见面，她也会嫉妒、丧失安全感，然后开始苛求男友。她的怒火越发难以控制，最终她会出现攻击男友、以自杀相威胁等行为。

我们可以想象一下艾米进入青春期的场景：

艾米来到学校，看到男友正跟其他女孩相谈甚欢，瞬间她妒意大发，径直走向男友，对他吼道："我再也不想看到你！"艾米无法专注于自己的功课，提前回了家。她满脑子都是男友和那个女孩，内心交织着愤怒和绝望：他怎么可以这样呢？她推测男友回家的时间，之后开始打电话，一边歇斯底里地痛哭，一边告诉男友她要自杀。她觉得没了这个男孩，自己也没了活下去的理由。第一次发生这样的状况，男友也许会安慰她，承诺绝对不再理会那个女孩了。他让艾米相信，他只爱艾米一个，他只想跟艾米在一起。艾米终于平复下来，再度为这段关系感到开心。但是这样的占有欲和愤怒的行为却一而再，再而三地上演。

终于，艾米的男友厌倦了她的需求无度和情绪异常，他结束了这段关系。艾米感到被抛弃了，她怒火中烧，甚至怀恨在心。在亲密关系中她无法正确认识自己，无法对自己的行为承担责任。亲密关系刚刚结束时她不断给男友打电话，甚至尾随他。当终于意识到已无法挽回时，她就开始与其他男孩打情骂俏。

我们都听说过男人的嫉妒心和愤怒行为：他们需要知道

女友在哪儿，在做什么，他们要求获得女友手机和电脑的密码。我们也都听说过对女友咄咄逼人的男孩或男人，他们的攻击性有可能导致对他人的严重伤害，甚至致人死亡。这些都是焦虑－矛盾型依恋的极端案例。

我认识一个年轻男孩，名叫艾伦。他痴迷于与自己同居的女友，还总是恐惧女友会背叛他、跟其他男人发生性关系。他的女友的确很迷人，但从未背叛过艾伦。她试图向艾伦保证自己爱他，忠于他，对这段关系全情投入，但不论她怎么做都无法让艾伦安心。艾伦需要了解女友的行踪，需要知道她在做什么，跟谁在一起，尤其是当他联系不到女友时，他会极度焦虑。朋友们试着让艾伦宽心，对他说他的女友是忠于这段关系的，而且他的嫉妒心会将女友推远。尽管艾伦的理智让他很清楚地知道这些，但他无法控制自己的恐惧和焦虑。

回避型依恋

回避型依恋的孩子通常不会引起学校教职人员的注意。这些孩子也许成绩优异，擅长运动或某些活动，通常在同龄人中很受欢迎。他们不会请求帮助，也不会表达强烈的情绪，通常是向老师和同学提供帮助的人。他们可能会成为学生领袖，所有人都认为他们适应得很好。这些孩子的孤独和冷漠是很难被看出来的，同样难以觉察的还有他们未被满足的需求。有时回避型依恋的孩子会因为过于安静、退缩而引起老师的关注和关心。

近来，人们更多地关注到了这样的孩子，或者说，更多地关注到了他们的父母。这些父母会要求孩子面面俱到、处处完美。比如这样一位父亲，他对儿子大吼大叫，要求儿子的曲棍球技艺再上一层楼。如果儿子没有被安排在最好的队伍，他就会大发雷霆；如果儿子不是教练的最爱，他就会对教练恼羞成怒。被这样的父母养育的孩子会认为自己必须在曲棍球队成为表现最优的球员，不能犯任何错误，不能展示自己的脆弱，因为这会激怒父母。他们还学会了要想获得认可、接纳和关注，只能靠自己的表现，而不要指望无条件的爱。

布瑞安第一次来找我咨询的时候，是他的婚姻遇到了问题。他的妻子抱怨说，尽管布瑞安是一个儒雅又富有吸引力的男人，但她从未感到与他亲近。她尝试了各种方法，试图让布瑞安谈论自己的感受和更深层的想法，但是他似乎根本不具备这种能力。她曾离开过他一次。她很肯定他会继续找我做咨询。

一直以来，布瑞安都是一个性格开朗又安静的男孩。他的父母从未公开表达过对他的感情，也没有对他说过他们爱他。然而，他说他知道自己是被爱的。他不是优等生，但总能完成课业，也能通过考试，所以他得到了老师和父母的认可。除了运动，他似乎没有什么特别擅长的，还好他是个好运动员。老师总是称赞他开朗的性格，他也深受同龄人的喜爱。

他告诉我，他小时候非常希望父亲可以多陪陪他。那时候，每当父亲在花园处理杂事或修整家里的物件，他总是陪在一旁。他的父亲是个沉默寡言的人，他们鲜少聊天，但是布瑞安很开心能够陪着父亲。有一次，父亲在一旁工作，布瑞安在一块大石头上玩耍，不慎从石头上跌落受了伤，却强忍剧痛，一言不发。他多么希望父亲能够注意到。眼泪在眼眶里打转，他内心无比想要冲向父亲，但是他没有，他坐下来强忍住泪水，独自揉着伤口四周。

直到晚上，母亲才注意到布瑞安的胳膊和身体两侧伤痕累累。她知道他从石头上掉下来了，给他敷上了冰块。即使在这时候，布瑞安都没有告诉母亲自己有多疼。母亲没有拥抱他，没有安抚他，甚至也没问他为什么不来找自己。

慢慢地，布瑞安知道，他得照顾自己，他得变成一个快乐的小男孩，不要对父母或任何人提要求。他学会了掩盖痛苦、依赖、愤怒和渴望亲密的感受。只要这些感受被深深埋藏，他就能跟任何人融洽相处。

青春期时的布瑞安很受同龄人欢迎，自然也很吸引女孩。他神采奕奕，相貌堂堂，既招人喜欢，又好相处。他并没有什么亲密朋友，却从不缺女友，不过这些恋爱关系都无法长久。每当女孩想和他在情感上更为深入，或者希望他做出承诺，布瑞安就会与之分手。布瑞安知道，他伤了很多女孩的心，但他也知道，找女朋友对他来说并非难事。然而，总有一些特殊的时刻，尤其是在跟女友发生关系之后，他心中会感觉到悲伤和空虚，但是他总能把这些推远。

我一直记得一个男孩，他生前一定很绝望，可他并没有寻求帮助。那时我是一家儿童心理健康中心的临床主任，一个案例引起了我的注意：有一天，我们中心接到了一所学校的电话，他们说有一个男孩自杀了。此前我们并不认识那个男孩，所以只能根据他留下的一些信息拼凑起他的人生。他的死让所有人都深感错愕。很明显，没有人知道他究竟经历了多大的痛苦。以下内容一部分是事实，一部分是我对使他陷入绝望的事情的推测。

杰夫是学校非常受欢迎的学生之一，是当之无愧的非常优秀的学生之一，他不仅是校学生会的主席，还是校足球队的队长。他的父母在各自的领域都非常成功，对自己的儿子也是满心自豪，但是他们因为工作鲜少顾家。他们时常错过杰夫的比赛，也不参加家长会——因为知道自己的儿子成绩优异，所以自认为无须参与这些活动。尽管他们经常对杰夫道歉，但是仍旧年复一年地错过他的比赛和家长会。高中的最后一年，杰夫遇到了一个让他意乱情迷的女孩——瑞秋。他第一次开始认真对待恋爱关系。尽管他的各种活动让他很少有时间陪伴女友，但是他尽量做到每天都与她通话，哪怕是很短的时间。对杰夫来说，这已经是巨大的承诺了。而且他们之间也有了性关系，这对杰夫来说并非随意的事。

交往几个月后，瑞秋说自己不快乐。这让杰夫大惊失色。他很爱瑞秋，也自觉这段关系非常好，只要有时间他就陪在瑞秋身边。瑞秋却认为杰夫总是无暇顾及她，不仅是在时间上，在情感上也是如此。瑞秋觉得每当她试图与杰夫聊聊重要的事情时，他不是回避讨论，就是轻描淡写地略过。她觉得杰夫什么都不在乎，也不在乎他们的关系。杰夫深感错愕，他觉得自己很重视瑞秋，却不知道瑞秋想要什么。他向瑞秋保证，他会再努力一些。事实上，他被瑞秋说的话吓到了，内心很受伤。尽管他试图理解，内心却还是无比焦虑。杰夫没有向瑞秋开诚布公地表达内心的困惑和恐惧，他更加专注于学校的事物和课业，陪伴瑞秋的时间反而更少了。

初次讨论的几个月后，瑞秋结束了与杰夫的恋爱关系。尽管内心伤心欲绝，杰夫却佯装毫不在乎。他踢球的时候更加具有攻击性，却无法专注于自己的功课。他交往了好几个女孩，也与其中的大部分发生了亲密关系，但他觉得一切都索然无味。杰夫越来越悲伤，却将伤痛掩盖起来，自然也没跟任何人谈起过。他睡不香、吃不好，又开始了聚会狂欢的生活。他的成绩破天荒地下滑了。尽管如此，学校和家里都没有人注意到他状态的恶化。

　　　　　　　　　　　　　　　　读懂依恋：拥抱更好的亲密关系

一天清晨，他刚离开前晚与他温存的女友，就感到深深的悲伤和空虚，他哭了起来。走在街上，他感到清晨的萧索和内心的绝望。他仍旧渴望瑞秋，他也知道这没有希望，他甚至看不到自己在任何关系中能有未来。他走到桥上，看着桥下的铁轨，思索自己的自杀会给父母和妹妹带来怎样的影响，但他也知道，没有他，他们依旧很好。他好奇瑞秋是否会想他，他也的确希望瑞秋会想他，会为向他提出分手而感到愧疚。带着这些想法，杰夫纵身一跃，结束了自己的生命。

杰夫是青春期回避型依恋的极端案例。我向各位读者保证，大部分回避型依恋的青少年并不会自杀。但青春期是大脑飞速发展的时期，所以一直被推开的感受在这时候没那么容易被抑制。青春期也是学业压力和同龄人压力激增的时期。那些认为向成年人寻求支持和帮助根本毫无意义的青少年，会更加感到孤独和脆弱。

这个时期的青少年会与同龄人发展出更为成年式的关系。他们开始建立包含性亲密和情感亲密在内的恋爱关系。这一关系会引发他们所有的不安全感，也会变得更像他们小时候与父母或其他养育者的关系。他们可能感觉自己需要成为完美男友或完美女友，需要照顾女友或男友，必须做女友或男友要求的所有事情。或者他们会与他人保持距离，甚至不建立恋爱关系。无论他们发展出的回避型依恋关系是哪一种，他们都会认为表达自己的需求、愿望和感受是毫无意义的。没有人倾听他们的需求，更妄谈满足他们的需求——这是他们秉持的一个令人悲伤的信念。

他们的男友或女友会有所抱怨，觉得两人的关系好像缺了些什么，认为他们应该更专注于两人的关系，与其更为亲密，以及更多地分享情绪、彼此的信息。回避型青少年在关系中可能会更加感到自己不足，也会十分困惑为什么对方总想要更亲密。他们自然是无法提供亲密感的，对此他们力不从心。悲伤、迷失和不足的感觉会慢慢升起，甚至最终将他们吞没。通常，他们习以为常的方式无法再帮助他们压抑这些感受。如果这时能向父母、同龄人或教职人员寻求帮助，深陷痛苦的青少年会感受到足以改变人生的理解和安慰。

因为杰夫的自杀，他所在的学校联系了我所任职的儿童心理健康中心，中心安排了一名工作人员，留校帮助学生们。渐渐地，那些无法向老师、父母或同龄人寻求支持的学生开始与我们的工作人员分享痛苦。他们可以私下单独沟通，不需要让学校教职人员知道。这所以高升学率著称的学校有很多回避型依恋、需要情感支持的孩子。我希望我们所做的一切能够防止更多孩子走向无法回头的极端。

混乱型依恋

混乱型依恋的孩子通常在家庭或机构中经历过早期丧失、

严重忽视，或身体、情感、性方面的虐待。他们可能被家庭以外的人虐待过，却没有得到父母的保护。受到教练、教师等虐待的孩子也有可能发展出混乱型依恋。拥有混乱型依恋的孩子认为这个世界是不安全的，对成年人，尤其是身处权威地位的人，抱着深深的不信任感。他们不相信自己值得被爱、被关心、被善待。很多这种类型的孩子，内心都有深深的羞耻感，觉得是自己导致养育者或其他权威人物如此虐待自己。其中一些孩子会在关系中成为受害者，允许其他人欺负他们，取笑他们，或剥削他们。另一些孩子会成为攻击者，为确保自己安全而变得难以战胜，难以逾越。他们确保自己能掌控一切，不信任他人，会挑战成年人的权威，这样的孩子在学校常常表现很差——学习困难、成绩不好、行为恶劣。

如果孩子担心在生活中受到他人虐待，或者回家后发生什么事情，他们就无法在学校集中注意力学习。这种恐惧状态不允许大脑皮层——大脑中的理性部分——得到充分发展。如果这部分大脑没有达到最佳运行状态，他们就无法做计划，进行抽象的思考，整合信息或做出复杂的决定，而这些都是学业取得成功所必需的。恐惧和混乱型依恋让他们无法取得学业上的成功。

那些为了保护自己而具有攻击性的孩子被学校教职人员视为麻烦制造者，他们常常因为自己的行为受到惩罚。但很少有教职人员了解攻击和愤怒的背后躲着害怕的孩子，在他们看来，他人不会善待自己，惩罚他们就是向他们证实：成年人不仅不值得信任，还会带来伤害。

到了青春期，这样的孩子可能会被学校视为具有严重问题的学生。他们可能会成为"校霸"，或严重霸凌事件的始作俑者。有些混乱型依恋的孩子会加入一些小团体，只因会被小团体中的其他成员保护。有一群和他们一样的伙伴，认为这个世界和权威人物是危险的，对受过虐待的孩子来说很有安抚性。

玛乔丽在成年后才成为我的来访者。多年来，她零零碎碎地告诉了我她的故事。

玛乔丽在蹒跚学步的年纪就经受了父亲的猥亵、身体虐待和情感虐待。幼年时的她并不理解为什么父亲会对她的身体做这些事情，也不理解为什么不能告诉母亲。她觉得自己一定是做了什么罪大恶极的事情，所以一直对猥亵三缄其口。她困惑又恐惧地进入学校，内心感觉自己恶劣又肮脏。同时，她总是衣着得体，外表看起来甜美乖巧。她很难专心于学习，因为她时刻担心回到家父亲可能就将她带进卧室对她做不好的事情，或者担心父亲对着全家大吼大叫、威胁恐吓，甚至体罚弟弟。玛乔丽很爱母亲，但她知道母亲保护不了自己，保护不了兄弟姐妹免遭父亲的暴虐。

玛乔丽就读的学校认为她是一个可爱但认知能力有限的孩子，他们很早就认为，玛乔丽与学术文化领域无缘，应该去学一门手艺。

少女时期的玛乔丽获得了外在力量——她得到了一位牧师的支持，并以此对抗她的父亲。她威胁父亲：如果继续对她进行猥亵，她就告诉牧师。父亲的猥亵行为停止了，玛乔丽对父亲的恐惧和憎恨却没有停止。在十几岁时，她摆脱了被猥亵的迷雾，却没有自我意识。她开始密切关注周围的青少年，这样她就可以学习如何表现、如何打扮、如何取悦每个人。她了解到，如果她关注其他青少年的兴趣和生活，他们就会喜欢她，而不会对她做任何了解。尽管有了朋友，在学校的表现也更好了，玛乔丽却仍旧觉得自己的内心是恶劣且肮脏的。她深信，如果有人发现她曾遭受猥亵，他们就会认为她该受责备，进而谴责她。她内心深处藏着这样的秘密，极易再次受到虐待。

无安全感的依恋能否在童年、青春期得到改变？

如果足够幸运，遇到有爱心的成年人，他们以足够健康的频率和强度参与到孩子的生活中来，拥有无安全感的依恋（焦虑–矛盾型依恋、回避型依恋和混乱型依恋）的孩子就能发展出安全感。这样的成年人可以是祖父母、其他亲戚、老师、教练、邻居或心理治疗师。他们会成为替代依恋对象。相较孩子之前的依恋对象，他们是不同的——能帮助孩子体验、内化看待自己及关系的积极视角。他们可以抵消孩子被养育过程中的负面体验，但只有在他们经常与孩子接触的前提下，改变才会发生。也许很多人都听身边的人说过这样的话："如果不是二年级的老师布朗夫人，我可能会退学，可能会出现很多问题。我知道她关心我，她想帮助我。"

因为孩子大部分时间都在学校，所以老师可以成为替代依恋对象。老师可以为孩子提供其所需的支持、培养和规矩；老师可以是充满爱又严厉的，怀有善意又给予理解的；老师是可以为问题学生创造成功机遇的人，是可以让过于完美的孩子变得随性自然的人，是可以帮助惊恐的孩子感受到安全感的人；老师可以打造一间具备安全感和安全依恋环境的教室。遭受虐待的孩子第一次倾吐其受虐经历的对象是他的老师，这并不罕见。

记得 7 岁时，我随家人搬到了新的街区。对于在新的学校入学，我感到非常害怕。我是个害羞又容易惶恐的孩子，虽然才 7 岁，但我已经知道如何把情绪藏起来，表现出自信满满的样子。教二年级的老师很有洞察力，看出我很害怕，便安排了一个非常受欢迎的女孩，让她向我介绍班级同学，也让她在课间的时候陪伴我。老师让我感受到了安全感，我知道只要有需要，就可以向其求助。因为这位老师和其安排来帮助我的女孩，我轻松度过了转学期。那个女孩也成了我多年的挚友。

然而，遗憾的是，通常情况下，老师会因过于关注孩子的不良行为，进而使孩子更加确认他们的无安全感的依恋类型。要求多、爱抱怨的孩子吵闹又令人厌烦，他们破坏性太强，所以会被训斥或赶出课堂；成绩好又听话的孩子会被奖励，被鼓励成为完美的、好管理的孩子；看似什么都不在乎的、攻击性强的差生会被当作注定失败的孩子，他们不在教室会让老师和同学都长舒一口气。

对于要同时面对很多学生的老师来说，认识到不良行为的背后是一个依恋模式为无安全感的依恋的孩子，是一个挑战。我们很少见到老师对苛求多、掌控欲强又焦虑的孩子说自己能够理解其所面临的困难，会尽可能多花些时间陪他，会留在他身边提供支持。不少老师会利用自己的权威来训斥、掌控问题学生，而这些时候可能恰好是这个孩子需要同理心和支持的时候。不少老师不具备对于依恋理论的理解，无法将其运用到没有安全感、具有挑战性的孩子身上。大多数公立学校的教室都非常大，没有额外的支持，这让有同理心的老师很难为每个孩子提供支持。

与孙辈非常亲密的祖辈可能会成为无安全感依恋的孙辈的替代依恋对象。

我的一位来访者曾说，她的母亲因精神失常对她进行情感虐待，所以她每天都会去祖母家吃午餐，有时下班后也去祖母那里。她的祖母有爱心，有教养。每当这位来访者不安的时候，祖母都会把她揽入怀中安慰她，跟她聊天。她知道祖母无条件地爱着她，尽管母亲喜怒无常，对她常有侮辱贬低，但她仍旧形成了积极的自我认知。

另外，经常接触的成人也会成为无安全感依恋的孩子的替代依恋对象。

珍经常去最好的朋友家，因为好朋友的母亲很善良，很支持她。这位母亲知道珍的母亲自私又无法靠近，为珍提供了一个安全的避风港。珍也知道自己的母亲总是沉迷于自身的困境和兴趣中，无暇顾及自己。所以，每当珍需要支持或建议时，她就会投奔好朋友的母亲。她和这位好朋友保持了多年的好友关系，所以好朋友的母亲一直陪伴她到青春期。珍很幸运地在好朋友全家的支持下维持了这份友谊。对珍来说，好朋友的母亲成了她的替代依恋对象，帮助她形成了积极的自我认知，让她相信他人是有爱心的，是值得信赖的。

青少年可能会因为自己的男友或女友是积极的、充满安全感的，而转换自身的无安全感的依恋。让我们想象一下：如果杰夫的女友瑞秋能够理解他对于亲密感的惶恐，能够耐心、温柔地鼓励他打开心扉、学会信任，杰夫的结局是否会不同？假设她能够容忍杰夫利用各类活动保持距离的行为，不认为这种行为是针对自己的，而是在杰夫不在的空闲时间与朋友、父母愉快地相处并获得支持，也许随着时间的推移，杰夫能够放下心来亲近瑞秋，能够体验到这份亲密感带来的舒适和愉悦，也能够冒险尝试与她分享自己内心的想法和感受。如果这段关系能够稳定、持续地发展，杰夫也许最终会慢慢认识到，关系是舒适的、安全的，进而发展出安全型依恋。

青春期是神经系统发生重大变化的时期，也是青少年改变其无安全感的依恋的大好时机。尽管青少年看起来很难相处，对父母和权威人物更具挑战性，对同龄人和同辈文化更感兴趣，但他们对成年人（除了他们的父母）更为开放。这一时期，老师、教练、其他家长和心理治疗师可以成为替代依恋对象，对青少年产生影响，教会他们人际关系可以是充满关爱、有安全感的和滋养的。

第三章

成人依恋

通常，童年时期发展出的依恋类型会延续至成年期，无安全感的依恋模式继续对亲密关系造成影响。但成人拥有更多的力量，足以让自己跳出恶性循环。

相信你现在对于童年、青少年时期的依恋类型已经有所了解。通常，童年时期发展出的依恋类型会延续至成年期。成人依恋的几种类型与童年、青少年时期的有相似性，但也有不同。这一章将帮助你更好地了解成人依恋，以及它与你关系中的问题有何关联。

成人依恋与儿童、青少年依恋的异同

成人依恋与儿童、青少年依恋具有相同的功能：提供舒适、安全和保障，特别是在人们感受到压力、身患疾病或受伤的时候。和孩子一样，成年人也希望有一个安全的基础，有一个亲密的另一半来支持、保护自己，给自己带来安全感和滋养，特别是感到压力太大，被生活的需求压垮时，或者感觉不舒服的时候。在度过压力巨大的一天之后，大多数人都会求助伴侣或好朋友，至少内心会想要这样做。而在度过了美好的一天之后，我们也想和身边的人分享美好的感觉。

也许白天我们会想念伴侣，一想到生活中有这样一个关心自己的成年人，就觉得踏实。就如同孩子想到充满爱的父母会感到踏实一样，成年人的踏实感来自想到自己的伴侣、男友（女友）或任何与自己亲近的人。如果我们与伴侣、男友（女友）相隔两地，我们也会很期待通过电话或社交软件与他或她沟通。

我记得报纸上刊登过漫画《凯茜》。漫画中的女主人公凯茜是一位单身女性，但她有一个永远无法被她承认的"男友"，有一天她完成了一个非常棒的工作报告，她想要分享这美好的感受，她回到家——一间空荡荡的公寓，对着雨伞架分享起自己的喜悦。尽管漫画试图让情景看起来有趣，但实际上却显得格外悲伤。

能与亲近的人分享悲伤、共享喜悦，是非常令人满足的。

成人依恋与儿童、青少年依恋的一个显著的不同之处在于：成年人可以拥有一个以上的依恋对象，而婴儿或幼儿主要依赖主要养育者（通常是父母）。除了伴侣，成年人还可以有挚友、同事、亲戚等，可以与他们分享亲密的需要，并在与他们的关系中寻求安慰。

成人依恋与儿童、青少年依恋的另一个显著差异是：成人依恋具有相互性。父母和其他照顾孩子的人可能会从与孩子的关系中获得乐趣，但在健康的依恋中，父母并不会期望孩子满足自己作为成年人对支持和滋养的需求。父母是孩子的主要养育者，育儿过程中父母并不期望孩子通过照顾自己来反哺。如果父母需要支持和帮助，他们会依赖其他成年人，尤其是当育儿工作变得繁重不堪，使他们心力交瘁时。

成人关系中，相互性是健康关系的一个重要特征。有时，一方可能不得不将自己对安慰和支持的需求放在一边，因为另一方现在更加沮丧，压力更大。另一方也是如此。如果双方都相信自己的需求能够很快在其他时间得到满足，而且被满足的次数比不被满足的次数多得多，双方就都会在关系中保持关心和付出。如果一方觉得自己付出了很多却没有多少收获，久而久之，付出的一方就会心生怨恨。在健康的关系中，成年人既是滋养者，又是被滋养者，比例均衡。

我的来访者特蕾西是一位全职母亲，她收养了两名极富挑战性的男孩。她的丈夫杰夫每天早出晚归，忙于工作。特蕾西负责打点早上孩子们上学之前的各项事务，并送孩子们去上学。有一天，因为早上孩子们不配合，她十分疲惫。孩子们上学迟到了，回家之后他们的表现仍旧让特蕾西倍感挑战——他们不做作业，互相打闹。杰夫回到家的时候特蕾西已经心力交瘁。她多么希望杰夫可以负责晚上孩子们所有的事情，让她好好歇歇。但杰夫一踏入家门，她就看出来杰夫有多么焦躁不安，看起来他的一天也不好过。他向孩子们打了招呼，但是他的声音清晰地表明他没有心情跟他们玩耍。其实，平时杰夫是个非常顾家、非常有爱的父亲。

杰夫告诉特蕾西，他在工作中遇到了大问题，而且还没有完全解决，这个情况让他很不安，他晚上还需要工作一段时间。特蕾西知道，她无法向丈夫倾诉孩子们带给自己的沮丧感，杰夫也做不到感同身受地倾听。她知道自己得想办法重获精力，以便在晚上照顾孩子们，好让杰夫工作。她之所以能做到这一点，是因为作为父母，她和杰夫通常合作得很好，能够互相支持。她可以把需要支持的需求放在一边，是因为她知道杰夫一定可以在第二天或一个合理的时间内调整好自己。杰夫和特蕾西拥有稳定的成人关系。

这样的相互性只存在于付出和给予均衡的关系中。如果你感到自己总是将对于支持和安慰的需要推到一边来照顾伴侣，总有一天你会心生怨恨。即便是那些天生的热心肠，也会如此。在健康的亲密关系中，如果工作、孩子、朋友或生活的任何一个方面出现问题，我们都可以求助自己的伴侣。我们的需求可以推迟一段时间或一两次，但如果从未获得过支持，那么怨恨和愤怒就会蓄势待发，最终破坏整个关系。

假设你的童年很糟糕，比如父母无法陪伴你或者忽略你，甚至可能虐待你。作为孩子，你就会发展出无安全感的依恋，那这就意味着你会自动成为一个拥有无安全感的依恋的成人吗？并不尽然。

发展成为依恋类型是无安全感的依恋的成人，你的童年生活肯定是没有安全感的，此外你还有被其他儿童或成人恶劣对待的经历。这种情况时有发生，因为有些没有安全感的孩子，其行为让人觉得难以相处，其他人自然会以消极的方式回应他们。

当你还是孩子或者青少年时，如果持续在人际关系中陷入困境、自我感觉不好，成为成年人后你就会持续觉得自己不值得被爱、被滋养，不值得拥有被保护的关系，持续害怕在关系中被抛弃、被拒绝、被虐待。你会秉持这样的期待和信念——在关系中，我将不会被好好对待。这样的你会进入有害的、不可靠的亲密关系中，然后因为选择了一个毫无关爱、无法陪伴、冷漠或有虐待行为的伴侣，你对关系的不安全感和期待——在关系中，自己对于关爱、滋养和安全感的需求不会被满足——就会被证实。

我的母亲来自一个充满忽视和虐待的欧洲家庭。她逐渐坚信没有人会关心她，她需要自给自足、独立自主。她来加拿大的时候将近成年，她相信自己的人生和关系都会有所不同。她得到了一个姑妈的资助，来到了姑妈家与表兄妹同住。如果他们能够对她好一点，多善待她一点，一直支持她，那么她"必须独立自主"的信念也许可以改变，至少可以有所缓解。但是，亲戚们并没有如此。我的母亲必须打扫房间，还得在工厂找一份工作支持这个大家庭。她感觉她在这个家里就像奴隶，并非一个需要鼓励，需要时间来适应新家和全新国度的孩子。

我母亲"相信自己注定孤身一人，没有人会关心自己、养育自己"的信念被证实，这成了她余生与人交往的方式。她极端独立，对他人缺乏信任，也没有能力靠近任何人。

成人依恋的四种类型

与儿童、青少年依恋类型相似，成人依恋类型也有四种。这是 1985 年由依恋理论的研究者玛丽·梅因博士和她的同事们提出的。研究者们整理了一份问卷，其中包括 15 个关于童年经历的问题。参与问卷调查的人要讲述自己的童年故事。他们必须描述自己与父母的关系，举出例子或讲述相关记忆来解释他们为什么选择那些特定的形容词。他们还会被问到如何理解自己的童年对他们成长的影响，如何理解父母为何以那样的方式抚养他们，以及他们现在与父母的关系。参与问卷调查的人根据手册给自己的答案打分。这是研究性方式，以识别一个人拥有何种类型的成人依恋。

识别依恋类型要参考参与者表现出的若干特质，比如：

• 参与者用来描述自己与父母或其他养育者关系的形容词和短语。

• 参与者讲述的童年故事的清晰度、可信度、连贯性和流畅性。

• 在问卷调查中，参与者对于"坦诚"的配合度与积极性。

• 参与者对童年如何影响自己现在的性格，以及与父母的关系的洞悉程度。

　　我不希望你被上述信息吞没，认为自己必须得接受问卷调查，计算分数以后才能识别自己的成人依恋类型。我会向你解释如何通过诚实面对自己在关系中的行为和模式来分辨依恋类型。但是，我想先解释一下，这份问卷是如何判定一个人的成人依恋类型的。

　　通常，不同依恋类型的成人会以不同的方式回答问题。有些人在描述母亲、父亲或其他养育者时不会举例子或提供证据，有些人的描述过于简洁，有些人的描述过于冗长或偏离主题，还有些人对于童年故事的描述杂乱无章。有些人能够深刻理解童年对于他们性格的影响，有些人毫无觉察，有些人则认为童年没带来任何影响。

　　我曾询问过一位来访者与其母亲的关系。他说："母亲是家庭主妇。"我想知道更多细节，但是他说"母亲会做饭、会打扫卫生，是位母亲"，仅此而已。他无法说更多了，甚至想不起任何关于他与母亲的童年记忆。

另有一位来访者，起初她告诉我她与母亲的关系非常好，之后又说："嗯，她酗酒，甚至有一次把我关在寒冷的室外。"她又说她的母亲其实是她的外婆，而那个她一直以为是姨妈的女人才是她的母亲。她的母亲／外婆有一次醉酒后大发雷霆，将这些脱口而出。她的童年故事太矛盾，太令人困惑了，我甚至无法完全听懂。

这两位来访者都有各自的成人依恋类型。第一位来访者说的内容很空泛，信息很少，他的记忆也有所缺失。第二位来访者不断改变故事内容，太过混淆的信息和记忆让人难以理解。

判定成人依恋类型并非完全取决于人生故事的绝对精确性和真实性，更重要的是我们如何理解自己的童年经历，如何理解这些经历怎样影响自己当前的性格、关系，以及我们作为成人与父母相处的方式。我们越能讲述一个清晰可信的童年故事（无论是可爱的还是可怕的），越能怜悯父母的人生经历，就越有可能拥有安全型成人依恋。我们越能因为自己的成长经历了解自己的优势和阻碍，就越有可能拥有安全型成人依恋。所以，我们赋予童年经历的意义决定了我们的成人依恋类型。理解这一点很重要。

我的母亲从未理解她的童年和青春期如何把她塑造成了一个没有信任能力的人，她认为这个世界是不安全的。她也将独立自主和不信任的信念灌输给了我，她会对我说："永远不要求人，求了就会欠别人。"

成年后，得益于我的工作及我接受的心理治疗，我逐渐认识到母亲的信念给我带来的冲击——我成了一个独立自主、自力更生、不相信他人能够支持我的人。我能理解这些信念对我既有正面影响，也有负面影响。我认识到我需要加强对他人的信任，允许自己依赖他人、表现脆弱，也要能够表达自己的需求和感受。同时我也能更好地理解母亲，对她有了更多的同理心，这让我可以更好地在她的晚年照顾她。我对她的接纳和照顾让她更加依赖我、更加信任我。在人生最后的时光，她第一次体会到关爱和滋养的感受。我成年后获得的安全感让我和母亲拥有更加亲密的关系。

自主型依恋

受到良好养育的成年人——他们的父母关怀、有爱、能理解、会陪伴——会发展出自主型依恋（Autonomous Attachment）。这是玛丽·梅因博士及她的同事们提出的儿童、青少年安全型依恋的成人版说法。拥有自主型依恋的成年人自身具备安全感，同时重视关系。在亲密关系中，他们期待被良好地对待，同时相信自己可以在彼此忠诚的关系中觅得滋养、安慰、支持与安全。作为成年人，他们与父母的关系良好，也能成为安全型父母。

拥有自主型依恋的成年人有许多正向的品质，这使得他们能够在生活中取得成功。他们对自己的认识既足够正向，又足够现实。他们能够自我反省，能够为自己在人际关系中有问题的行为负责，能够接受其他人有不同的视角，并会尽量不加评判地接受这些差异。内心的安全感使他们能够稳定、平复、调节自己的情绪。

痴迷型依恋

拥有焦虑－矛盾型依恋的孩子会发展出痴迷型依恋（Preoccupied Attachment）。这些孩子的养育者反复无常，时而陪伴，时而缺席。因此，这些孩子对于养育者是否无暇顾及自己高度警觉，他们相信必须通过强烈的情绪以得到他人的关注，并操纵养育者满足自己的需要。成年之后，他们的不安全感依旧强烈。他们依赖他人，时刻寻找能够为自己带来稳定感和持续呵护的人，希望有一个人能让他们感受到生活的完整。

只要伴侣不在身边，他们就无比痴迷于寻找伴侣的踪迹，即使对方离开是出于正当原因。这样过度的关注反而会适得其反，不断将伴侣推远。他们对于依赖、占有欲、需要关注和安慰等需求的表达无比激烈且起伏不定——起先是暴跳如雷，转而悔恨交加，然后悲痛欲绝，瞬间又展现出诱人的魅力，最后再暴跳如雷。这样的循环对他们的伴侣来说可真的苦不堪言。他们对于伴侣的任何关系都妒意十足，即便是正当的工作伙伴关系。他们在亲密关系中步履维艰，焦灼的愤怒和诱人的魅力交替出场：愤怒让他们把伴侣推走，然后他们又因距离感到恐惧，进而施展魅力，进行诱惑，甚至使用装病等小伎俩将伴侣拉近。

有痴迷特质的人常会贬低自身价值，过度重视伴侣，尤其是在关系的初期。当他们意识到伴侣不能与之见面，不愿交谈，或者对他们的依赖需求不敏感时，他们对伴侣的理想化想象就会发生转变，这时愤怒和怨恨就占了上风。甚至哪怕已成年，他们也可能与父母或其他养育者产生冲突，仍旧渴望父母或其他养育者满足他们的需求。

明蒂第一次见到丈夫克里夫的时候，深觉这个男人简直是完美的化身。她不敢相信这样的男人会对自己感兴趣，她可明显不及他聪明、有魅力，也不及他健康又成功。克里夫追求了明蒂很久，每次约会他都会精心安排，以确保明蒂感受到被爱、被珍视。明蒂越来越依赖克里夫，也仍旧将他视作完美男人。

婚后，这个被理想化的男人变了。他长时间工作，每天都按时去健身房健身，而且对她也变得挑剔。明蒂越来越愤怒，同时害怕这个与她结婚的男人已与从前相去甚远。她会在工作时间给克里夫打电话，会因为没有接到回电而生气。每当克里夫深夜归家时，已经等待很久的她都无法克制自己心中的怒火。开始的时候，克里夫会道歉，会深情地倾听，会保证他们有时间一起吃饭、互相陪伴。可慢慢地，这些亲密举动也越来越少了。

一开始明蒂会向克里夫抱怨，说她想要的不过是克里夫能在家多待一会儿。克里夫总会说他必须工作到很晚，因为他有太多的会议，他正在为这个家努力。他还会邀请明蒂一同去健身。然而随着克里夫一如既往地老调重弹，明蒂抱怨得也就越发起劲了。直到有一天，她再也控制不住自己的情绪，口无遮拦地咒骂克里夫，随手朝他扔东西，并试图打他……

一场闹剧过后她崩溃大哭。克里夫抱着她，不断向她保证爱她的心不变，也承诺自己会尝试多陪她。但是，随着明蒂的攻击不断升级，行为越发失控，克里夫开始与她保持距离，甚至告诉明蒂她疯了，她需要去看精神科医生。明蒂深知自己有多疯狂，但她对一件事一直百思不得其解——当初那个完美的男人究竟怎么了，约会时期的快乐到哪里去了？

明蒂是痴迷型依恋的人，而她嫁给了一个疏离型依恋（关于疏离型依恋，下文有详细介绍）的男人，这使她更加确信没有人会一直陪伴她，进而激发了她的焦虑感和愤怒。

疏离型依恋

鲜少陪伴孩子和拒绝孩子的父母会养育出回避父母的孩子。如果一个孩子意识到与父母的亲近是建立在成为完美孩子或照顾自私父母的基础上，那么他长大后就会发现与人亲密对他来说无比困难。这样的成人会觉得努力工作让他们感觉更舒服，他们更喜欢参与各种活动，用物质表达爱意。他们难以表达感受，难以共情，甚至难以顺从地享受亲密时刻。他们更倾向于推开或驱散自己对于关系中亲密的需要。他们的伴侣会觉得他们冷漠、疏离、没有感情、无法靠近，同时他们有责任心又很成功。这样的成人所拥有的依恋类型是疏离型依恋（Dismissing Attachment）。

依恋类型为疏离型依恋的成人具有更高的自我意识，能够在事业和活动中更具效率、更成功。他们的独立和自给自足都是基于必须照顾自己、不能依赖任何人的信念。他们通常意识不到自己的感受，即便有所感知也无法表达。比起亲密关系，他们更喜欢独自一人，或沉迷工作，或沉迷各种业余活动。我们都知道工作狂这类人，他们投入到工作和职业中的时间和精力远比投入到家庭和婚姻中的多。他们是典型的依恋类型为疏离型依恋的成人。拥有这一依恋类型的成人即便拥有社交关系，这些关系也通常浮于表面——只停留在共同参与活动，只是酒肉朋友，或隶属同一群体上。他们需要安慰和支持的时候是不会投奔这些关系的。

有些孩子只有在听话、课业优秀，或者在业余活动中表现优异时，甚至长大成才后，才能感受到来自父母的几分爱意。这些孩子长大成人后会继续相信：只要我是好人，努力工作，好好养家，我就会得到爱。因此当他们的伴侣抱怨体会不到他们的情感时，他们丈二和尚摸不着头脑了。他们会期待伴侣因其是出色的养家者而对自己爱意满满、重视自己。这样的想法在其童年时就已形成。

布瑞安和乔伊斯都是会计师，都是努力工作、事业有成的人。乔伊斯被布瑞安的才智、勤勤恳恳和雄心勃勃深深地吸引了。她知道布瑞安会给她和他们未来的孩子提供优质的生活。乔伊斯怀孕后，她和布瑞安决定，她留在家里照顾孩子，直到孩子上学。

成为两个孩子的主要照料者让乔伊斯感到非常孤单。布瑞安几乎每晚都工作到深夜，甚至周末也不休息。即便布瑞安在家，他也只关注家务。随着孩子们一天天长大，布瑞安开始积极参与孩子们的体育活动。尽管他的工资很高，他仍要求乔伊斯跟他一起严格控制开支。乔伊斯越来越对丈夫感到生气，她觉得自己为他放弃了事业，但他似乎只在家务劳动和房事上才会关注她。

乔伊斯向布瑞安抱怨，说她感受不到布瑞安任何情感上的亲密。布瑞安说，这都是因为乔伊斯冷漠，总是拒绝，也不在财务问题上与自己同心协力。布瑞安也生气了，有时还对乔伊斯大吼大叫。乔伊斯威胁布瑞安，如果他不与其一起接受婚姻治疗，她就离开。

在他们的治疗中，我跟布瑞安一起探索他面对妻子的抱怨时有什么感受。他不解地看着我，仿佛我在说外语。他问我："你是什么意思？"我解释道："比如愤怒、悲伤、恐惧等感受，哪一个更能合理地描述你对婚姻的感觉？"布瑞安仍旧迷惑不解，表示他并不清楚自己的感受。

在探索布瑞安的成长经历时，布瑞安说自己能感受到父母对他的爱，尽管他们从未说过"我爱你"，也没有过任何充满爱的举动。当他获得优异成绩或者在课外活动中表现良好的时候，他最能感受到父母的重视。他知道自己背负着接受高等教育、在大学表现优异以及事业有成的期待。同时，父母也期望他可以谨慎消费，时刻都有储蓄。

布瑞安获得了事业上的成功，遥遥领先于自己那些毫无建树的同辈。他认为自己已经让父母感到自豪了，这对他来说无比重要。大学期间他谈过恋爱，也结交过一些朋友，但是这些都排在学术追求之后。一毕业，他就在一家很不错的会计师事务所找到了工作，他知道，早晚有一天，自己会成为公司合伙人。他告诉我，他与父母的关系很好，尽管父母住在其他省份。他也承认与父母很少联系，很少互相走动。

布瑞安是疏离型依恋的典型例子。还是孩子的时候，他学会了推开所有感受，尤其是脆弱的感受，并且学会了相信想要获得父母的认可就得取得成就、独立自主。他是一个非常好的男孩，却以感受不到自己也需要他人，感受不到脆弱和悲伤甚至快乐为代价。无法拥有亲密的情感让他在为人夫、为人父的角色上屡屡受挫。

未化解型依恋

如果一个孩子经历过童年创伤，且创伤未被化解，他就会持续将这个世界和关系视为危险的。这里的创伤包含身体虐待、情感虐待、性虐待、被严重忽视、暴力受害或目击暴力等。过早失去主要养育者又没有度过缅怀阶段的孩子也会形成创伤。未能化解童年创伤或丧失，孩子会成长为依恋类型为未化解型依恋（Unresolved Attachment）的成人。

成年后，他们会继续用儿时形成的策略保护自己。他们可能采取的策略包括攻击、回避、逃避他人或完全封闭。他们可能成为关系中的受害者，也可能成为冒犯者。他们很容易被日常生活中的经历触发，并依据自身具备的"人不安全"的认知来扭曲他人或情况。经历过极端创伤的成年人可能会出现解离行为——在心理层面将自己与当前的处境分离，就好像在做白日梦，但无法回到现实。通常他们在儿时就学会了这样做，以便让自己与可怕的人或情况分离。建立亲密关系对他们来说困难重重，因为他们非常容易被他人的亲密触发。

玛乔丽直到晚年才化解童年的创伤经历。她的父亲对她施以猥亵，还通过怒吼和贬低吓住了家人。玛乔丽成了一个甜美体贴的人，她学会了询问他人的沟通方式，让他人专注聊他们自己，从而不问任何有关她的事。这不仅帮她躲避了他人的注意力，还帮她回避了与他人更为亲密的关系。她在治疗中会问我过得怎么样、我的女儿和儿子怎么样，还会询问所有她记得住的关于我的事。一段时间后，玛乔丽和我对于这种回避都不禁莞尔一笑，然而她对其他人仍不免故伎重施。

玛乔丽坚信自己有缺陷，别人若接近她，就会被她"污染"。她能够工作，也成了妻子、母亲，但她总能感受到自身的脆弱和不足。有一天，公司主管对玛乔丽说话的声音过高，导致她突发强烈的创伤反应，她马上离开公司回了家。她躲在被子里不肯离开房间。最终，她丈夫强迫她去看医生，医生让她服用抗抑郁药物。丈夫替她向公司提交了辞职信。玛乔丽完全搞不懂发生了什么，也再没有工作过。她并没有意识到，主管的高声训斥让她想起了父亲的愤怒，使她陷入了创伤状态。这一经历让她深感自身的不足，也深感羞耻、恐惧和无助。

有些成人拥有多种类型的依恋

通常情况下，一个人具备一个主要依恋类型，也可以同时拥有一个或多个次要依恋类型。主要依恋类型从与养育者（这一养育者曾是主要依恋对象）的互动中发展而来。如果孩子身边还有父母中的另一方或在其成长过程中起到重要作用的其他养育者，如祖父母，孩子就会发展出次要依恋。如果一个孩子的父母在他童年早期就离婚了，同时双方均从其年幼时就平等地参与了他的成长过程，那么他就会发展出重要的次级依恋。

随着参与孩子成长过程的父亲越来越多，以及越来越多的同性双亲共同抚养孩子，次级依恋可能会越发常见。婴儿的大脑在前6个月只能内化一个依恋对象，所以在1岁之前，陪伴婴儿更多的那一方将会成为主要依恋对象。

我的来访者卡罗尔就是这样，她具备一个主要依恋类型，同时还有一个影响她在亲密关系中如何做出回应的次级依恋类型。卡罗尔的母亲是个非常自恋的女人，她需要自己的孩子时刻衣着光鲜、表现良好，这样她就可以以完美的形象面对外界。母亲亲力亲为地为卡罗尔缝衣服、做娃娃，还积极参加社区活动，但是卡罗尔认为这一切都是母亲为了在他人面前凸显自己的才能，并非出于满足自己照顾孩子的需求。说起来，母亲经常对卡罗尔和她的兄弟姐妹们说："我多么希望自己没有孩子。"时不时地，母亲还会威胁说要离开。卡罗尔觉得自己必须成为完美的孩子才能跟母亲交流。然而，卡罗尔并不完美，因此她总认为自己不够好，是个负担。

于是，卡罗尔理想化了自己的父亲。她认为父亲是在生活中支持她的人，在尽力弥补母亲造成的隔阂。家里的大部分家务都是父亲在做，他支持并保护自己的孩子。她感到父亲把她放在了生活的首要位置，她知道他是一个可以依赖的父亲。他很支持卡罗尔和母亲的关系，非常重视家庭的完整性，也坚信母亲与孩子的关系非常重要。虽然卡罗尔倾向于将父亲理想化，

　　　　　　　　　　　　　　　　　　　　　　　　读懂依恋：拥抱更好的亲密关系

她的视角是否可信也有待考证，但她的确体会到父亲满怀爱，可以依赖。

祖母也参与了卡罗尔的成长。在午餐时间和放学后的时间里，祖母是卡罗尔的主要照顾者。卡罗尔和祖母很亲近，每当生病或不开心，她都会去找祖母。祖母总会将她抱在怀里，轻轻摇着她，告诉她一切都会好起来。

卡罗尔的主要依恋类型是无安全感的疏离型依恋。直到长大成人，她还一直告诫自己要做到完美，在学校要专注学业，还要保持自律。她总是刻意孤立自己，只关注如何成为完美的学生和完美的专业人士。在亲密关系中，她总是试图成为他人想让她成为的人，倾向于照顾对方的需求。她总是与无法满足她需求的男人进入相处模式不健康的关系。用她的话说，她不知道自己想要什么，不知道自己需要什么，她总是与自己的感受分离。

然而，卡罗尔也非常重视关系，在成年之后仍旧重视与父亲的关系。她的父母在她长大后分开了。卡罗尔搬去了另一座城市，在心理和身体层面都远离了母亲。但她仍旧保持与父亲的密切来往，他们沟通频繁并交流感受，她也能感受到父亲对她的关心和兴趣。她知道父亲无条件地爱着她，在这段关系中她感受到了自己的价值。尽管祖母在卡罗尔十几岁的时候过世了，但卡罗尔早已内化了祖母的关心和滋养。由于与生命中这两位成年人的关系，卡罗尔的次要依恋类型是自主型依恋。

尽管卡罗尔和女儿、伴侣的关系存在很多问题，但她十分重视这些关系，也在努力改善。她自愿接受心理治疗，认识到自己在关系中的问题，认识到自己需要更好地了解自己，尤其认识到自己需要改善与女儿的关系。

有些成人可拥有获得性安全感

获得性安全感是由玛丽·梅因及其同事提出的一个概念，用以解释为什么有些在糟糕家庭环境中长大的人，在成人依恋问卷调查中可以得到自主型依恋的测试结果，或符合前文有安全感的依恋的描述。对于那些在不安全的育儿环境中成长的人来说，获得性安全感是可以带来希望的。一个人如何克服诸多不利因素，仍旧发展出有安全感的依恋呢？原因有如下四种。

第一种，孩童时拥有替代依恋对象。替代依恋对象可以是孩子能够时常见到的朋友的父母，他们以充满关怀和爱的方式对待孩子；也可以是了解孩子艰难生活的老师——老师至少可以在一个学年中经常见到孩子，足以成为孩子的依恋对象，给予孩子很多支持和滋养；还可以是一位亲属，例如孩子时常见到的充满爱和关心的祖父母。替代依恋对象与孩子会面的频率和强度需要达到一定程度，才能够影响到孩子。只有与这个成人相处的时间足够长，孩子才能够内化正面体验，开始慢慢相信自己是值得被爱的，自己是有存在价值的。

第二种，青少年会慢慢意识到自己的父母无法提供持续的关怀和陪伴，或时而出现虐待和忽略的行为。青少年的大脑是飞速发展的，尤其是大脑中负责思维和分析的区域，所以青少年具备更强的能力去思考家庭情况。对青少年来说，同龄人会成为更重要的依恋对象，他们会寻找能够支持自己的同龄人。也许男友或女友会更好地理解彼此的背景，在困难时刻也能彼此扶持。青少年还有可能通过朋友或朋友的父母感受到关心和共情，开始慢慢相信其他人跟自己的父母不一样，并学会信任亲近的关系。

第三种，成人会因为选择了能够为自己提供关怀和无条件的爱的伴侣，进而改变对亲密关系和自己的负面信念。原因可以是运气使然，或环境因素，抑或是他坚定地选择让一个不同于父母的人成为自己的伴侣。

第四种，孩童、青少年或成人有可能因为接受心理治疗而与一位能够提供关心、呵护及支持的心理治疗师建立良好的关系。随着时间的推移，这一关系将过去负面的内在关系模式转变为积极正向的模式——拥有正向模式的关系具备信任和安全感。青少年和成人能够运用治疗关系检测早期童年经历，并开始理解这些经历对自身性格的影响，开始尝试在治疗关系中冒险放开自己、信任他人，最终实践于他们真实生活的人际关系中。

通常情况下，拥有获得性安全感的人会逐渐明白，尽管他们的童年经历给人际关系带来了巨大阻碍，但也给他们的人生带来了成功。他们也许理解了为什么父母的养育这么糟糕，也许已经原谅了父母。他们将这一洞察力运用到改变关系模式上，开始看到自身是有价值的，是值得在生命中拥有关怀和成功的。因此，他们获得了自己的安全感。

经历了被猥亵的童年，玛乔丽长大了，她非常没有安全感。青少年时期她不敢恋爱，因为她担心男孩会伤害她，其实更是因为她害怕任何人靠近——她坚信别人会看到她内心的肮脏和不堪，会发现她曾遭受猥亵。

在工作的地方，她注意到一个年轻人。他叫艾伦，总是干净得体，气味清新，对谁都彬彬有礼。他提出，想与玛乔丽约会。虽然惶惶不安，她仍旧接受了邀请。第一次约会时，玛乔丽注意到艾伦的手不是很大，还很干净，指甲修剪得也很整齐，跟她父亲的手截然不同。玛乔丽在确定了他不论是相貌还是行事风格都与父亲完全不同后，选择了继续与他约会。也正是因为这一点，玛乔丽决定嫁给艾伦。

玛乔丽对艾伦的判断是正确的。他待人和善，有耐心，爱意满满又懂得保护他人。他对玛乔丽曾被猥亵一无所知，但他意识到玛乔丽是一个天真又缺乏安全感的女人，需要他的保护。他也做到了在婚后生活中一直妥帖地保护她。

因为与艾伦的关系，玛乔丽有安全感了，也可以更好地生活了。但是她的创伤还没有得到很好的解决，直到她晚年开始接受心理治疗。治疗后她开始理解被猥亵对自身发展的影响，并将此事的责任归还给了父亲，而不是自己承担。她理解了父亲因战争受到创伤，这并不是为父亲对她施以猥亵开脱，而是从不同的视角看待父亲的行为。

随着创伤的疗愈，一个更具安全感的玛乔丽出现了，这样的她能够更好地开发自身潜能。玛乔丽是一个有天赋又很有创造力的人，但她的潜能被粉碎了，因为她无法一边担忧回家可能遭受猥亵一边专心学习。教职人员认为她认知发展缓慢，于是她被分入了职业学院。完成治疗后，伴随逐步增强的自信，她的天赋初显，她开始了绘画和写作。

玛乔丽与丈夫的关系，以及与我建立的治疗关系让她在晚年发展出获得性安全感。对自我的正向认知和对于关系越发增强的信任，让玛乔丽可以对丈夫和已成年的孩子们更加敞开心扉，她向他们坦诚了自己的遭遇，也更有勇气来承担自身发展的任何风险。

格雷戈里接受我的治疗多年。他刚来接受治疗时问题重重。他在 4 岁时被一对年龄较大的夫妻收养。他的养母在 40 岁的年纪解决了与母亲的问题，之后才有了养育孩子的渴望。不幸的是，在格雷戈里来到这个家庭的第一年，养母就身患重疾，并于第二年离世了；留给格雷戈里的只有冷漠的养父。养父打一开始就对收养孩子抱有矛盾的态度。格雷戈里被诊断为患有反应性依恋障碍（Reactive Attachment Disorder）[①]，在被收养后不久就开始接受心理治疗。他咄咄逼人，蔑视权威，跟同龄人的关系不佳，学习成绩也不好。

格雷戈里接受了依恋取向的治疗，他的养父也参与其中，他还被安排在一个特殊教学班级中。慢慢地，他开始信任老师，开始信任我，也开始相信养父对他是尽责的，尽管养父由于自身的限制难以表达任何爱和养护的感受。

青春期的格雷戈里能够更好地调节情绪，在学校的表现越发优秀，能够跟同龄人建立更亲近、更有信任的关系。在青春期后期，他发展了一段长期的恋爱关系。他非常重视这段感情，能够在关系中表达自己的爱和尊重。

成年后的格雷戈里开始了独居生活，他接受了养父不善表达情感的现实，也非常重视养父给他的经济支持。格雷戈里很好地发展了其创造力方面的天赋，并试图在相关领域发展事业。他结交了三两亲近好友，养了宠物，也找到了令他投入激情的工作。他一直跟我保持着联络，在需要的时候将我视作支持的来源和知己。与他交往许久的女友与他分手了，他说自己一度感到悲痛欲绝，但能够理解这是生命经历的一部分。他能很好

[①]　症状在 5 岁前较为明显。患此障碍的儿童对主要养育者没有形成安全的依恋关系，与其他孩子相处困难。如果不治疗，此障碍会持续到成年，并可能在患者试图融入社会时造成困难。（译者注）

地表达对于进入下一段恋情的恐惧，但也能认识到"早晚需要冒险，敢于尝试是很重要的"。

尽管格雷戈里并没有将关注点放在解决幼年在福利院时遗留的问题上，但是他缅怀了离世的养母，对养父也能更加现实、不加评判地接纳。我作为他的心理治疗师、老师，与他的关系维持了很多年，我想这段关系帮助他体会到了被重视，被无条件地爱着。认识到"自己值得被爱"这一事实帮助他与同龄人建立了健康的关系，也让他接纳了在自己与养父的关系中，养父对于情感的表达是有所克制的。格雷戈里发展了足够的获得性安全感，这足以让他在人际关系和工作中获得成功。

第四章

成人依恋与伴侣选择

是你的成人依恋，让你和对方走到一起，又让你们分开；
也是你的成人依恋，让你很难走出对象不同、剧情却雷
同的爱情轮回。

对于成年人来说，亲密关系有一个基本的悖论。我们生来就在亲密关系中，我们会与养育者亲近，以满足自身对爱、关怀、安全和支持的基本需求。这一基础驱动力会在我们成年期继续发挥作用，但是成年后，童年早期及后期的经历会指导我们选择成年关系中的伴侣。我们对伴侣的选择可能会使我们的很多基本需求得不到满足，但我们会因亲近他人的原始需求而留在这些关系中。

受到童年早期和后来生活经历的影响，到了成年期，我们的依恋类型已深深地植根于人格中。大多数人很少意识到童年对他们的影响，有些人甚至在没什么证据的情况下就单纯地认为童年经历的影响是正向的，还有一些人认为，童年早期的经历并不会影响成年后的性格和选择。缺乏这一意识的可悲之处在于，这些根深蒂固的关系模式在很大程度上影响了他们对伴侣的选择，以及在亲密关系中与伴侣相处的行为。

当情感丰富的人遇上情感缺失的人

下面的例子也许会让你感同身受，也许会让你觉得与你认识的某个人的经历类似。

乔安妮是个富有创造力、情感丰富的人。她微胖，所以从不认为自己漂亮。她在一个聚会上认识了瑞安，并且是第一眼就注意到了他。他身材匀称，仪表堂堂。令乔安妮意外的是，瑞安居然主动找她攀谈。他聊起自己的生意，乔安妮也说起自己室内装潢师的职业。瑞安提出互留联系方式。尽管乔安妮把电话号码告诉了瑞安，但她并不相信瑞安会真的打来。在她看来，瑞安那么完美，不可能对她感兴趣。然而，瑞安不仅打来了电话，还开始追求她。乔安妮有点儿不愿意接受瑞安的追求，因为她觉得自己配不上瑞安，她认为瑞安一旦了解她，就会甩了她。

瑞安深深吸引着乔安妮，他看起来稳重、成功、自律，又极富魅力。乔安妮觉得瑞安很适合自己，因为她更情绪化，时常自我怀疑，很依赖他人，还经常感到焦虑、愤怒。瑞安出差时，她时常担忧，然而他总是打来电话表达思念。她很少向瑞安透露自己的不安全感。

瑞安总会在每次约会前做好计划，会鼓励乔安妮变得更积极、更健康。他的方式总让乔安妮感受到关心和支持。乔安妮开始更为积极地参与瑞安计划好的各种体育运动，她越来越依赖他。瑞安总是站在掌控者的位置，而他的掌控让乔安妮觉得安全。不过，乔安妮仍旧觉得自己配不上瑞安。但是很明显，瑞安钟情于她，还向她求了婚。乔安妮答应了完美先生的求婚。

婚后，乔安妮觉得瑞安不再悉心陪伴她了。瑞安对于工作非常卖力，下班后还会去健身房运动，每天都是疲惫又饥肠辘辘地到家，然后给自己准备饭食。乔安妮的工作时间更为稳定，她每天回家都比瑞安早，但因为太累不愿去健身，所以她在家等待瑞安，并不知是否该为瑞安准备晚餐。她开始觉得，相比自己，瑞安更看重工作和健身。她开始怀疑瑞安是否有了外心，心底也渐渐生出了愤怒和焦虑，不过她并没有向瑞安表达这些感受。

直到有一天，瑞安回家异常晚，还指责乔安妮应该对减肥和锻炼更上心，应该多自律，乔安妮终于控制不住了。她对瑞安大喊大叫，控诉他不顾家，已经不爱自己了，还对瑞安说她有多恨他……

暴风雨过后，乔安妮失声痛哭。瑞安把她抱在怀里，安慰她说自己的爱不会变。他告诉乔安妮，自己有时不得不工作到很晚，是为了能让他们过上好日子。他的保证让乔安妮平静下来，乔安妮也为自己的爆发道了歉。他们度过了一个美好的夜晚。这是乔安妮第一次如此失控，他们两人都承诺做出一些改变。

然而，这种模式成了他们日常生活的一部分，也成了乔安妮内心世界的一部分。每每想到瑞安，她都能感受到自己内心越来越强烈的愤怒和怨恨。她试图告诉瑞安，她觉得自己被抛弃了，被贬低了。她再也无法控制自己的愤怒，每次暴怒过后总会崩溃大哭，再孤立自己。她能感受到瑞安越来越沮丧，也能感受到瑞安正在逐渐从这段关系中抽离。最终，他说她疯了，还对她下了最后通牒，如果她不做任何改变，他就会离开她。

　　是什么让他们走到一起，又是什么让他们分开？乔安妮的依恋类型是痴迷型依恋。她有意识地选择瑞安成为自己的男友、丈夫，相信他强大、稳重、主动、成功，是个引领者；她有意识地相信瑞安适合自己——他鼓励她健身，安排她的社交和个人生活，感觉好像很珍视她极富创造力和情感丰富的特质。而在无意识层面，乔安妮期待与其亲密的人前后不一，贬低她，不以任何能想到的方式共情她的需求和情感。瑞安满足了乔安妮的无意识预期——更专注于自己的事业和健身，害怕真正的亲密，挑剔乔安妮不够自律、不够理性，身材也不苗条。

　　瑞安为何选择乔安妮？瑞安的依恋类型是疏离型依恋。他事业有成，体形匀称，身体健壮，极度独立，极富掌控欲，非常理性。尽管他在很多方面无法连接自己的感受，但他能感知自己的孤独，渴望情感连接。在意识层面，他认为在乔安妮身上找到了这一切——她温暖、有趣、有创造力，又非常讨人喜欢。他知道乔安妮超重、不够活跃，身体也不够健康，但他坚信自己可以改变她。乔安妮毫不抗拒地接受了约会期间瑞安组织的各项活动，甚至欢迎他掌控彼此的社交生活。瑞安相信乔安妮的温暖、情感亲密和创造力会满足他在关系中的需要。

在无意识层面，瑞安并不期待有人能在情感上支持他、回应他。他从他的家庭中学会了独立，学会了"想成功，靠自己"。他的家庭不允许他失败。从年幼无知到青葱岁月，即使他真的感到害怕或没有信心，他也不会分享这些感受，更不会寻求支持和安慰。他总是独自上路，探索解决困境的办法，做任何需要做的事情。他觉得只要肯鞭策自己，杜绝弱点，寻找解决问题的理性办法，就会取得成功。他也将这种信念投射到了其他人身上，任何没有紧迫感和自律性的人都不会得到他的尊重。

所以，乔安妮和瑞安在无意识的依恋层面满足了彼此对关系的期待和对自我的认知。乔安妮内心认为没有人会一直陪着她，瑞安对于事业和健身的执着恰好印证了这一点。同时，瑞安的批评也确认了乔安妮的自我认知——自己不值得被爱、被尊重。乔安妮强烈的情感诉求一开始的确能为她引来关注，但最终，如她所料，又会将他人推走。她对瑞安的依赖和对失去他的恐惧如此强烈，以至于她会试图找各种方法让瑞安再次靠近。她会为自己的行为道歉，并能在短时间内保持冷静。然而，她无法维持这种状态，因为瑞安会因为忙于工作再次远离她。

至此，乔安妮无法继续忍耐，她火冒三丈，怒火又赶走了瑞安。

瑞安在无意识层面相信没有人会为他提供情感支持，要想获得成功他就得独立、理性、自给自足。最初，他乐于接受乔安妮的依赖，这让他能够掌控这段关系。他一如既往地将更多的关注投入到健身和工作中，而非个人情感生活。他希望乔安妮可以一直将他理想化，接纳他所能提供的亲密程度。他需要掌控他们之间的亲密程度。

在关系的最初阶段，乔安妮的情感爆发让瑞安感到困惑、苦恼。然而，瑞安理性的话语和安慰使乔安妮恢复理智，这让瑞安确信，理性、解决难题是他的最佳定位。随着时间的推移，瑞安越发感到失落、气愤——乔安妮迟迟无法减轻体重，无法变得更健康，瑞安既愤怒，又对之轻蔑，乔安妮的情感价值和创造力也随之黯然失色。瑞安甚至开始证明自己和乔安妮一样有创造力，贬低她的某些特定天赋和才能。瑞安的疏远和独立向乔安妮证实了没有人能在情感上对她敞开怀抱，而乔安妮的情绪失控也向瑞安证实了没有人会关心他、呵护他。他们之所以留在双方都不快乐、不满足的关系中，是因为乔安妮太过依赖，害怕独立，而瑞安无法忍受自己的婚姻失败。这是何等的悲伤！

情感丰富的人与情感缺失的人相结合这一亲密关系模式并不罕见。关系双方都在意识层面相信对方会弥补自己的不足，会在关系中带来自身缺乏的东西。情感不稳定的人相信强大又独立的人会带来稳定、踏实和安全。他们并没有意识到这种独立是建立在不信任他人，以及压抑需求和情感的基础上的，而这一基础脆弱不堪。压抑情感的人相信情感丰富的人会给他们带来童年缺失的爱、滋养和温暖，他们没有意识到这种强烈的情感表达是基于深层的不安全感、恐惧和对他们无法时刻在身旁的过度敏感。一旦亲密关系建立，两个人都会发现自己意识层面的愿望并没有得到满足，童年早期的经历也再度上演。

为何深陷虐恋无法自拔？

我们该如何理解那些选择虐待性伴侣，并留在虐恋中的男男女女呢？他们忍受身体和情感上的虐待，用各种看似合理的解释为自己辩解。他们可能会说伴侣只有在喝醉的时候才虐待他们，伴侣会为自己醉酒后的虐待行为感到懊悔并道歉，甚至能在下次喝酒前都爱意满满，满口赞美之言。他们不论男女，都可能因被虐待而指责自己，在家务、育儿、吸引力或唠叨的性格上寻找自身的缺点。即使他们因家庭、社会服务或法律干预离开了伴侣，也仍有可能返回并重复自身的模式。

这样容忍虐待会让很多人感到困惑，但是依恋理论可以帮助我们理解无意识的动机和动力。这些男人和女人，大多数都在童年时经历过虐待。因此他们对自身的信念是：我不值得被爱，被善待，被尊重；他们对关系的期望是：我会被虐待，会遭遇恶劣的对待。恋人或伴侣以这样的方式对待他们，恰好证实了他们根深蒂固的自我形象认知——我不值得被尊重，从而童年熟悉的一切——虐待和忽视再度上演。即使他们寻求到力量结束虐待关系，或是伴侣离开，被迫结束关系，也很有可能进入一段新的虐待关系。意识不到发展有害关系的无意识驱动力，他们注定会重蹈覆辙。

我们也需要了解施虐者。施虐者同样成长于充满危险，带来创伤的家庭或机构。他们学会了通过攻击和控制来保护自己。他们认为世界是危险的、人是不可信任的，认为一个人必须保持警惕、握有掌控权、充满攻击性才能自保。他们很容易将无辜的行为扭曲认知为好斗、对他们有害。喝醉酒后，他们对他人和情况的感知更为扭曲，自制力也被削弱。他们可能会认为伴侣不在家就是一种威胁，伴侣的任何独立举动都是危险的，也可能会认为伴侣与朋友或家人的关系是在削弱他们的力量和控制权。他们重获权利和安全感的唯一策略就是充满攻击性。当攻击行为成功，伴侣默许了这样的暴力，他们就会感到安全。

我不是在为暴力和虐待辩驳，而是从依恋理论的角度解释虐待者为何会在关系中发展出虐待模式。虐待者可以通过学习相应的方法以控制愤怒，学习相应的策略以改变自己的行为。然而，除非他们能理解对自身、他人、社会环境和世界持有的潜在及无意识的信念和看法，否则很可能在亲密关系和社会环境中重复虐待模式。

决定我们选择伴侣的背后推手

我们该如何解释玛乔丽的选择？尽管她在人生初期受到了虐待和猥亵，后来却选择了一位保护她、爱护她的丈夫。玛乔丽很幸运，她在十几岁时遇到了一位牧师，她向牧师倾诉了自己被猥亵的经历。牧师告诉玛乔丽，她的父亲对猥亵负有全部责任，她只是一个无辜的受害者。牧师是玛乔丽很尊重的人，他曾想与玛乔丽的父亲对峙，为她主持公道。尽管玛乔丽没有同意，但他给予玛乔丽的回应赋予了她力量，让她能够面对父亲，阻止父亲的猥亵行为。

玛乔丽的现实反馈也让她意识到父亲的令人厌恶与邪恶，并让她有意识地选择了一个与父亲身形截然不同的人。幸运的是，玛乔丽根据身形选择的丈夫是一个关心她、保护她的男人。这个男人深深地被玛乔丽的天真吸引。或许他的保护欲过强了，但对玛乔丽来说，这远胜一个虐待她的人。所以，是玛乔丽有意识地选择，并加上好运气，让她觅得良人。玛乔丽的丈夫没有向玛乔丽证实她觉得自己只配被虐待的信念，但是他也没能使她分享有着自我憎恨和恐惧的内心世界。直到人生的后期，玛乔丽才化解了早期的童年创伤。所以，对玛乔丽来说，她选择的丈夫带来了足够的保护，但没能给予她足够的鼓励，没能使她面对内心的恐惧。

我们很多人，尤其是那些曾在童年目睹过虐待，见证了父母的冲突，并且知道父母中的一方甚至双方都活得不快乐的孩子，曾告诫自己，决不要选择父母那样的人，也决不要成为父母那样的人。在意识层面决定不跟一个酒鬼结婚，不跟一个愤怒的虐待者结婚是健康的决定，这样的决定可以帮助我们避开那些明显酗酒或明显无法控制愤怒的人。曾经见过母亲不开心，抱怨父亲一直工作不顾家的孩子可能会回避工作狂，找一个更顾家的人组成家庭。有意识的选择，不论是基于积极的还是消极的童年经历，都会对成年后选择伴侣有帮助。但无意识总是隐藏着，将我们引到让我们觉得意外的方向。这就是为什么当我们发现自己选择的人恰好就是当初坚决回避的人时会那么惊讶。

我清楚地记得母亲曾因和父亲起了冲突而心烦意乱。她在卧室痛哭流涕，眼泪簌簌地从她脸上滑落，她甚至无法说话，看起来情绪糟糕，极度脆弱。我从未见过她这么伤心，我真的不喜欢看到的这一切。而且我一直将父亲理想化，所以无法接受母亲嘴里那个糟糕的父亲和他那些伤害母亲的行为。我记得当时我就做了一个有意识的决定：永远不要这么情绪化，这么脆弱，坚决不允许任何人把我伤害到这种程度。不论是在那时

　　　　　　　　　　　　　　　读懂依恋：拥抱更好的亲密关系

还是在以后，母亲都没有跟我讨论过那天发生的事情，也没有讨论过那天对我的影响。我并没有很好地消化这段经历，所以它留在了我的有意识的记忆库中。我把它视为不愿体验的经历，我决定永远不要在我的生活中出现这样的事情。

直到成年，那都是我的座右铭，然而这并不仅仅因为那一次的经历。我母亲的童年充满了她的父亲对她及她兄弟姐妹的虐待和忽视，更重要的是，她的父亲还严重虐待她的母亲。她有意识地决定离开欧洲的家，到加拿大寻找更好的、新的生活。而来到加拿大的她，虽然已将近成年，但是内心深刻地相信这个世界并不安全，她必须照顾好自己，没有人可以照顾她、保护她。而她后来在加拿大的生活经历也证实了这一现实。

母亲在她周围筑起了防御，她坚信一个人必须决绝地独立，永远不要相信任何人。她也将这个观点传给了我 —— 不论是在意识层面，还是在无意识层面。这就是为什么当我看到悲痛欲绝的母亲时是那么震惊又困惑。我再也没见过她那么痛苦过，我很肯定，父亲的行为强化了她无意识中的"不要靠近任何人，不要允许任何人伤害自己"的信念。

我的这段经历就是一个例子，展示了我内化了有意识体验和无意识体验。我有意识地回忆起一段不愉快的记忆 ——母亲因为和父亲的关系而情绪失控，显然她很受伤，看起来很脆弱又毫无吸引力。然而这件事之所以让我印象如此深刻，是因为我和母亲的关系让我留下了无意识的体验和信念，即情绪化和脆弱是危险的，是需要避免的。她向我证实了，在婚姻中亲密和依赖是不安全的。

我们选择伴侣，既基于有意识动机，也基于无意识动机。这本书关注那些驱使我们选择伴侣的无意识力量或未被觉察的力量。我们大多数人都能说出自己选择伴侣的原因，能说出过去和当前的恋爱经历。我们都能回答恋爱关系问卷调查里的问题。然而，我们的回答和描述的局限在于，它们没有涵盖引导我们做出选择的无意识动机，而那些动机又很强大。所以，如果你一直困惑于为什么明明下定决心不跟父母那样的人结婚，但终究难逃他们的掌心，相信现在你该明白了，也知道该改变这种模式了。

第五章

成人依恋与大脑

养育者与你互动的经验决定了你会拥有怎样的大脑，而你拥有怎样的大脑决定了你会有怎样的情感体验、外在反应与互动模式。

胎儿在母亲肚子里成长的时候，并没有我们讨论的依恋类型。一个主动愿意孕育后代的母亲会从孕期中收获喜悦，大部分时候，她都会确保自己饮食合理，也会照顾好自己和肚子里的胎儿。她会规律地看医生，实时监控胎儿的成长，做好生育的准备。肚子里的胎儿对此是一无所知的，他唯一需要做的就是纯生物性的——发育身体的各个部位，发展神经系统的自然潜能，以及长成基因决定他成为的样子。

　　然而那些本不愿意怀孕的母亲呢？那些孕期身处紧张的关系或紧迫环境中的准妈妈呢？有证据表明，如果母亲的焦虑水平过高或孕期出现抑郁状态，就可能影响胎儿出生后的大脑认知发育及化学水平发育。之所以如此，是因为母亲的皮质醇水平过高，压力荷尔蒙会通过胎盘影响胎儿。但有些女性似乎拥有更具保护性的胎盘，所以胎儿并不会受到影响。我们还需要更多的研究，以便更好地理解胎儿如何被产前焦虑、抑郁及药物使用影响。

我的一位来访者的母亲很好奇儿子严重的精神病症状是否是她在孕期时身处压力巨大的环境所致，对此她很内疚。我向她保证情况可能跟她想的不一样，尽管其家族并没有已知的精神病史，但她儿子的精神病理可能是基因所致。精神分裂症及其他精神类疾病现在被认为由基因所致，或至少是脑部紊乱所致，并非出于依恋障碍。

大多数婴儿自出生就具备发展出安全型依恋的潜力。有些婴儿会因为基因限制或其他莫名的原因而神经受损。认知障碍、自闭症、唐氏综合征或其他疾病的婴儿，其形成正常、健康的依恋的自然能力有可能受到限制。母亲怀孕期间酗酒可能损害婴儿的依恋发展潜能。

在本章及本书中，我所描述的是具有正常大脑结构和正常神经潜能的婴儿是如何发展依恋的。

理解大脑的发育可以帮助你更好地理解依恋的形成，理解依恋是如何在你无意识、无察觉时深深嵌入大脑的，理解你为什么会选择现在的伴侣，以及理解为什么作为成年人，改变自身依恋模式虽然极富挑战，但是仍有可能。

行为与大脑的关系

大脑的每个部分在结构、功能和化学成分上都不同，且每个部分都是建立在前一个结构的基础上的。大脑的发育主要根据婴儿或儿童的早期经历。在最初的几年，大脑是如何发育的？这主要基于养育者给孩子带来的体验，它也将影响大脑对于生活许多方面的领悟能力。早期的亲密关系会在大脑中留下印记，成为孩子将来所有关系的模板或模型。也就是说，孩子被养育、被照顾的方式非常重要，这将影响他们如何看待自身价值，以及如何看待与他们成为密友或伴侣的人。

行为与脑干

大脑中最原始的部分被称为脑干或爬虫脑。这一部分负责调节睡眠、呼吸、心率、眨眼和饥饿感等自动行为。你阅读这些文字时，正在呼吸，可能在眨眼，也有可能感到饥肠辘辘，这就是脑干在做自己的工作，不需要你的思考。脑干也是大脑中适应危险并以本能的保护策略作出反应的部分。如果你在房间里听到了陌生的声音，脑干会让你体验到恐惧；如果不友善的陌生人靠近你的孩子，脑干会让你立即充满保护欲。你并没有思考，你只是本能地做出反应。

婴儿一出生，脑干就开始运转，它需要一个可预知的、规律的、平静的环境。这一发育阶段的婴儿需要健康的睡眠和饮食模式，需要一个能够理解其哭泣原因并提供同理心和悉心回应的养育者。包括我在内的很多母亲都认为，婴儿在出生后的几个月里需要的只是睡觉、吃饭、大小便。这是原始大脑的需求，但婴儿需要能够感受到养育者可以理解这些，能够带着爱、关怀、可预知性和愉悦感回应这些需求。婴儿如果在早期可以成长在一个滋养的、平静的、可预知的环境中，那么他们的脑干将发育良好，能够发挥最佳功能。发育良好的大脑结构会让婴儿、成长中的孩子、成年后的成人有能力保持平静，调控情绪。

如果母亲或其他养育者能够保持冷静，并耐心地回应婴儿急躁和看似无法控制的行为，那么即便天生具备易怒和难以安定的大脑"线路系统"的婴儿也能够稳定下来，能够自我控制。例如，很多人都接触过疝气婴儿——他们会经历一段无法被安抚的哭泣阶段。可能你尝试了各种安抚方式都没有用，可能你会因此感到沮丧和愤怒，责怪婴儿让你的生活如此痛苦不堪。你的愤怒可能会加剧婴儿的不安，至少肯定无法让你怀中的婴儿体会到更多的安慰。希望你可以保持冷静，共情婴儿正在经历的不适。也许你已经筋疲力尽，实在太希望婴儿可以安静下来，但同时你并不觉得婴儿的哭泣是针对你的，你并不会因此愤怒。通过保持冷静和共情，并伴随着安抚的音调和动作，你就能让婴儿感受到舒适，即便他的身体仍然疼痛。

我的女儿在婴儿时期也患过疝气。意识到她正在承受腹痛，以及我能够保持冷静，我尝试采取了一些干预措施。即便这些措施无一幸免地都失败了，我也仍旧可以不停地努力。我理解我的女儿确实在经历身体上的困扰，她并非有心让我无助。不过即便理解，我也仍不免受到了影响。最后我终于发现，用我在前文提过的动作——膝盖弯曲，上上下下地摇晃她，我就可以缓解她的不适，她就可以进入梦乡。

作为父母，保持冷静，不将孩子的失调视作针对自己的行为，就可以帮助孩子发育中的大脑变得更有条理，并发育成它能成为的最佳状态。关注孩子对于舒适的需求，停止愤怒和沮丧，孩子的大脑化学水平将趋向平衡。

我们都知道，如果养育者不可预测、缺乏条理、令人恐惧，那么即便天生性情平和、习性规律的孩子也无法保持轻松快乐。若婴儿和儿童在被忽视、威胁、虐待的环境中成长，他们大脑的化学物质就会紊乱，大脑也会停滞在原始的发育状态。他们会时常焦虑，出现惊吓反应，睡眠异常或饮食异常。他们没有与那些本应提供照顾的人建立基本的信任，因为这些人会恐吓、伤害或忽视他们。

行为与边缘系统

与依恋密切相关的大脑部分是边缘系统，我们也可以称之为情感脑。边缘系统成熟相对较缓慢，并会根据婴儿或儿童在所处环境中的体验而发育。孩子的边缘系统神经连接在生命最初的几个月或几年中需要大量的情感、社会及认知刺激才能正常发育。这些连接是孩子情感连接、社会连接及一生行为的基础。大脑的边缘系统是依恋的基石。

边缘系统拥有记忆，以及内化婴儿早期与母亲或其他养育者的互动的能力。婴儿的记忆和内化的与养育者关系的信息，以无意识的方式被储存在边缘系统的一个特定部分——杏仁核中。孩子无法用语言描述自己婴儿时期的记忆，也无法描述小时候与父母或其他养育者的关系。然而这些记忆，以及因早期关系而形成的关系模式，会在人的无意识中运作，并贯穿人的一生。例如，如果婴儿在吮吸母亲乳汁时看到母亲爱意盈盈的微笑，那么他就会在情感层面记住这一切。日后他也许无法描述这个感觉，但他会对自己的母亲有安全感。如果婴儿在吮吸乳汁时看到的是愤怒又沮丧的母亲，并且在大多数时候感受到母亲的紧张和无爱，那么他就会对自己的母亲有不安全感，并有可能在稍长一点时与母亲保持距离。这个孩子并不知道自己为什么会对母亲有这样的感觉，但仍会保持对母亲不信任的态度。

让我们想象一下更糟糕的情景：一名男婴被母亲的男友抱起来，并以一种愤怒又可怕的方式摇晃。我们再给这个想象中的男人加上胡子。这名男婴会形成无意识的记忆，认为被抱起来具有伤害性且让人害怕，同时他也会对任何有胡子并抱他的人做出恐惧的回应。如果他被安置在一个养父有胡子的寄养家庭，那么他可能会需要很长时间才能相信养父不会伤害他。孩子关于母亲胡子男友的记忆会根植在大脑的边缘系统中，甚至孩子本人都不知道它的存在。

我的来访者——一名男孩，被自己的父亲及继母虐待，之后被儿童福利机构带走，并安置在了一个善良的寄养家庭。男孩很害怕自己的养父，尽管养父是一个和善又乐于支持他人的男人。如果养父伸手拿东西或者试图拥抱他，他就会害怕地蜷缩起来。男孩的生父否认了对儿子的虐待，但是男孩身上的伤疤和行为已经告诉了我们，男孩曾经历过严重的虐待。养父对于这个被他触发的男孩非常敏感，也足够耐心，能够接受男孩的恐惧及保持距离的需要。

创伤经历，包括虐待、忽视或幼年失去养育者，会给边缘系统带来负面影响。边缘系统是大脑中对危险感知最敏感的部分，当我们感到恐惧，又无法寻找到能够提供安全感和舒适的依恋对象时，它会用保护性策略作为回应。婴儿感到恐惧或遇到危险时会出于本能寻找父母或其他养育者。然而如果这个人就是恐惧的来源，或者并没有保护性，那边缘系统就会使用其他保护性策略，例如反击、逃离危险或僵化。

玛乔丽终于意识到父亲看似充满爱的肢体接触是不正常的，是没有爱、没有关怀的行为后，她再也不愿意这样了。她无法向母亲寻求保护，因为母亲也害怕父亲。她无法反抗，也无法逃离，因为她只有 3 岁。所以年幼的玛乔丽学会了僵化，她试图让自己在被父亲触摸时感受不到任何东西。但她并不能总是成功地阻止愉悦感，因为原始大脑正在运作——它会在父母的触摸中找到身体的愉悦感，即便这是猥亵性的触摸。3 岁的玛乔丽无比困惑又极度恐惧。

行为与新皮质

我们大脑中最大、最发达的部分是新皮质，我们也可以称之为理性脑。正是大脑的这一部分使我们成为独一无二的人类。新皮质比大脑的其他部分要大得多。它让我们得以理性思考、发展语言、做复杂的决定，以及使用判断力。新皮质使我们能够灵活思考，发展抽象、复杂的思想和理论，并将想法以语言的形式传达给其他人。新皮质既可以进入内在，觉察我们的感受及身体感官，也可以觉察到外部世界。通过同时感知外部和内部的刺激，并评估两种类型的信息，大脑皮质可以做出理性、平衡的决定。我们能以语言的形式沟通内在情感状态也得益于新皮质。

我以自己的经历为例，来说明新皮质是如何整合外部世界所发生的一切和我们内在所体验的一切的。

有一天我把车送去修理，并约定下班后去取车。汽车维修人员和我商议后同意将钥匙放在前座的垫子下面，将车停在车库后面。

我比原计划更晚下班，当我去往汽车修理厂的停车地时，天已经黑了。在路上，我还在思索之前的来访者，然后突然感到胃部一紧。我环顾四周，立刻注意到我正走在一条漆黑的小巷里。我意识到，胃部紧张是因为我独自一人走在偏僻的小巷而产生的焦虑感。手提着公文包的我安慰自己：如果有人攻击，我就用公文包回击。虽然这个想法很疯狂，但不知为什么，它让我感到被保护。

看到车的那一瞬间，我如释重负，匆匆朝它走去，胃部也放松下来。但放松没多久的胃又紧张起来，因为我想到，可能会有人在车里，车门可一直没有上锁。我再次安慰自己：上车前我一定先向里面看看。我照做了，没有看到任何人在里面。我快速上车又锁紧了门。直到那时，我才感到些许安全，快速地摸到了钥匙。显然，我仍旧很焦虑，因为我立即发动了汽车，疾驰而去。

如果发生这些时可以全程观测我的大脑，我们会看到：神经递质迅速地从胃部移动到让我感受到焦虑的边缘系统，然后又迅速移动到视力区域，让我可以环顾四周，寻找引发焦虑的源头，之后移动到新皮质，让我得以理性地判断自身是否安全，并进行自我保护，最后神经递质返回到边缘系统，在这一区域我的焦虑减轻，进而胃部的紧张也得到了缓解。新皮质能够向内连接身体感知，识别焦虑的感受，向外观察环境，并确定是什么导致了焦虑。新皮质确定了四周没有严重危险，并将这一信息发送给边缘系统，从而舒缓了焦虑。这一过程往复发生了好几次。

对于那些大脑结构和化学水平尚未发育到最佳潜能的人来说，新皮质无法以这种整合、理性的方式发挥作用。对于遭遇过创伤的人而言，身体反应如此强烈，以至于理性脑无法完成自身工作，或者理性脑扭曲了感知，会在根本不存在危险的地方看到危险。

大脑的新皮质让我们能够有意识地觉察到无意识中的依恋模式，依恋模式影响着我们对自我的感知，以及我们对关系的期待。无意识的记忆、感知和信念储存在边缘系统中。当我们使用理性脑，即新皮质，来思考我们的感受，我们对事件做出的反应，以及我们的信念时，我们就可以理解并改变那些对我们当前生活和体验毫无帮助或毫不相关的感受、反应和观念。

依恋模式与大脑的关系

如果你难以掌控冲动和其他情绪，你就很需要理解自己并非是一个坏人，你并没有故意伤害他人或故意破坏关系。在你与父母或其他养育者的早期关系中，你可能已经经历了足够多的不稳定，你的大脑化学物质受到了损害，这会让你难以控制情绪，也难以在愤怒、焦虑、恐惧等情绪被激发时保持冷静。

如果你过度控制情绪，很难感受到什么，可能在很早你就意识到没有必要表达自己的感受和需求，或者这样做是危险的。你的大脑化学物质在你很小的时候就停工了，而这一切如何发生，以及因何发生的记忆都深埋在边缘系统中。从边缘系统到新皮质的连接或传导可能是有限的，所以你只能基于理性做决定，无法综合内部情绪状态和外部世界后再做决定。

过度情绪化和过度冷漠都会在亲密关系中造成问题。

如果你在成长中遭到身体、情感和（或）性方面的虐待，或者经历过严重的忽视，你的边缘系统就会使用保护性策略来保护你，并向你的脑干发出信号，让你采取保护性行为。你的成人大脑会对周围的危险保持高度警惕，甚至可能会扭曲你对情况和他人的感知——也许在毫无危险的时候你会看到或感受到危险，或者你总是提心吊胆地认为他人会对你构成威胁，即便实际情况并非如此。

要记住，大脑对于危险的反应是使用战斗、逃跑或僵化的策略。遇到危险时，大脑可能只选择其中一种策略，也有可能所有策略同时使用。有的人会在将他人视作危险时充满攻击性；有的人会竭尽所能地回避冲突，回避那些看似不安全的人；有的人会在感知到危险时丧失感受，无法移动。所有这些都是大脑在早期发展出的，可能基于一个人的性格，也可能基于大脑认为这是保护自身的最佳方式。如果伤害你的人更大，更有力量，大脑就会认为没有必要反击，那么你就会尽可能地回避施虐者。如果不可能回避，大脑就会通知身体僵化，不去感受、回应，因为这可能比做出回应更加安全。

童年时经历过创伤的人往往无法分辨现实。他们可能会在身体有所感知，或看到、听到、内心感受到什么后做出不合时宜的回应。他们可能会因为他人不小心撞到自己就蓄势反击，也有可能在听到发火的语调时就开始退缩。这两种反应都源自童年的可怕经历，但这些体验在当下已经不准确了。

格雷戈里4岁时被养父母收养。他亲生父母的信息少之又少，他被送往福利院的时间和原因也无人知晓。我们知道的只是他出生没多久就被送到福利院，他在这里度过了生命的前4年。福利院资源有限，可以照顾孩子的人相比需要被照顾的孩子也少之又少。这意味着格雷戈里在婴儿时期得到的照料不但屈指可数，而且前后不一致。婴儿时期的他，基本需求无法得到满足，大脑的脑干处于焦虑和恐惧的状态。年幼时，他的大脑化学物质处于失衡状态：引发焦虑和恐惧的皮质醇过度发育，能够稳定情绪、带来平和感受的化学物质发育不足。这虽然是对大脑化学物质的简单理解，但有助于理清格雷戈里不受控制的情绪状态。

在食物和玩具匮乏，基本需求无法得到满足的福利院，格雷戈里逐渐认识到，最佳的策略就是攻击。他学会了抢夺他人的食物，也学会了只要有玩具出现就先发制人。他并不相信成年人会照顾他、保护他或爱他。在很小的时候，他就将这个信念内化到边缘系统：要照顾自己，控制环境，确保自身安全，绝不信任任何成年照料者。他时刻对所处环境保持警惕，时刻准备好要么攻击，要么自保，要么逃跑。

因为格雷戈里的脑干以及边缘系统未发展出最佳潜能状态，所以大脑中更高级的新皮质也无法发育出最佳潜能并发挥效用。格雷戈里在语言发育、学习、抽象思维、决策判断上都相继遇到了困难。

被收养后，格雷戈里的生活并没有变好。他的养母在一年之后就过世了，养父因为自身的成人依恋类型，无法在情感上给予格雷戈里陪伴。深埋于格雷戈里边缘系统的信念和期待——不会有人陪伴我、保护我——也因这些生活经历而得到证实。这些信念和期待变成了他人际关系的模板。他带着这些信念进入学校，挑衅师长，与同学格格不入，拒绝学习、做作业。老师惩罚他，同学拒绝他，这又进一步证实了格雷戈里认为这个世界不值得信任的信念。

尽管心理治疗撼动了这些信念，让格雷戈里有能力稳定情绪，也可以维持社交关系，但是无法信任他人及自己不值得被爱的信念，仍旧在他年轻的时候塑造了他为人处世的观点和对事物的期待。成为年轻人的格雷戈里，大脑的化学物质更为平衡，他相对更有能力控制自身的攻击倾向。然而，因为他的恐惧，他可能会反应过度，可能会陷入麻烦，也有可能不信任他人，所以他仍旧保持着离群索居的生活方式。不过，他现在可以结交三两好友了，因为他开始体会到友情的乐趣，也可以时而感受到安慰了。

玛乔丽在儿时遭遇了父亲的猥亵。前文我提到的事件——主管的高声训斥使她陷入了创伤状态，让我意识到玛乔丽在边缘系统中储存了关于父亲声音的记忆，这个记忆在她成年后依旧影响着她。她仍会使用退缩、僵化的保护性策略对大喊大叫做出回应。

主管当着其他同事的面大声评价玛乔丽，我不知道主管的声音究竟有多大，但这对玛乔丽来说是一种威胁，会使她软弱。我帮她理解了主管的声音激活了深埋在她大脑中的父亲的声音。尽管主管没有虐待她，也不会伤害她，但她再次感受到了父亲曾带给她的恐惧。

格雷戈里和玛乔丽是经历了严重忽视和虐待的孩子。我们大多数人没有这样极端的童年经历。但是我们很多人都在童年时期经历过父母或其他养育者的心不在焉、前后不一致或拒绝。这些互动模式会根植于我们的大脑，并在我们的意识之外继续运作。这样的模式之所以会形成并被内化，是因为在我们与父母或其他养育者的互动中，同样的模式已发生过千百万次。当我们还是婴儿时，我们无法记住这样的互动，也无从描述，但它们会以内隐记忆或情绪记忆的形式储存在边缘系统中。

什么是内隐记忆？我们还是婴儿时，大脑就可以形成非语言记忆。语言能力得到发展之后，我们能够发展语言记忆或外显记忆，这通常发生在两岁及两岁以上。而内隐记忆是基于我们的感官、感受和自动的本能反应的。内隐记忆虽然不是有意识的，但它会创造对于关系的感知、期待及模式。例如，一个积极的内隐记忆可以是这样的：婴儿识别到母亲的气味，将这一气味与母乳喂养和缓解饥饿感联系到一起，这个婴儿之后便总会将母亲的气味与良好的感觉联系在一起，这一气味可能是母亲的体香、面霜香或者香水香。

从我还是个孩子到我逐渐成为年轻人，很多年里我都会因为一种爽身粉的气味产生某种愉快的感受。我隐约能想起一些过往的片段，但是无法准确地描述。有一天我从路过的陌生人身上嗅到这一气味，内心闪过了一个清晰的画面——父母卧室的梳妆台上有一瓶爽身粉。我并不知道这一气味为何与愉快感相关，但我认为它肯定跟母亲表达爱的某种方式相关。遗憾的是，这一气味已经"停产"，所以我无法带回那些美好记忆。而且，我也找不到任何与这一气味相关联的有意识记忆。

与我相反，我的一位来访者的内隐记忆相对负面，是关于啤酒或其他酒的气味的。她的父亲每次醉酒后都非常暴力，会殴打孩子。她和她的兄弟姐妹都很清楚，如果在父亲身上闻到了酒味就要立即躲到卧室里，或者尽可能避开父亲。这位来访者建立这一联想的时候还是婴儿，她可能是从母亲和兄弟姐妹身上察觉到了对于危险的父亲的恐惧。内隐记忆的问题在于，它会影响一个人在当前生活中的反应。这位来访者在很多年中都无法理解为什么啤酒的味道会让她焦虑，并且强烈地想要逃跑。

内隐记忆产生的期望可以是正向的，也可以是负向的。它们被编码并输入我们的大脑中。这对于我们的"自动学习"是必要的。比如骑自行车、驾驶汽车、演奏乐器或参加其他任意活动，我们做过很多次之后，就会将记忆编码并输入大脑。之后我们不需要再一步一步地思考这些活动的步骤。步骤储存在大脑中，我们会自然地、不自觉地去做。

内隐记忆与大孩子从自行车上摔下来或者不小心伤到自己的那种记忆不同。后者被称为外显记忆，因为你可以用语言描述那个时刻发生在你身上的经历。这样的记忆需要孩子的语言能力发育到足以储存与事件相关的画面，以及与之相关的文字。我们能够检索到并描述出来的最早的记忆，基本也发生在两岁或两岁以上。

玛乔丽意识到被猥亵时至少也在 3 岁。她拥有外显记忆，足以描述父亲对她的触摸，以及当母亲叫她时她被父亲塞进衣橱的记忆。拥有这段外显记忆很好地帮助了玛乔丽意识到猥亵从她很小的年纪就开始了，那时候她还不理解其中的含义。这样的觉知帮助玛乔丽下定决心：她是父亲施以猥亵中过于年幼又无辜的受害者，她做不到报答父亲的其他恩情了。

即使是前文提到的骑自行车也可以成为外显记忆。如果我提出自行车的问题，大多数人都可以描述自己是如何骑上自行车，如何踩踏板，如何在车上保持平衡，以及如何利用车闸停车的。大脑拥有内隐记忆及其功能是为了让生活更高效、更简洁。

我们的依恋模式通常在内隐记忆的层面运作。对于既能缓解饥饿又能给你带来安全感的母乳喂养，你并不会有任何意识或记忆，你也不会记得母亲不在身边时，你因饥饿而不断哭泣，最后你停下来压抑住了饥饿感。然而，你有可能记得非常期待和家人共享美食——这能让你既享受美食，又有亲人为伴。也许你还能意识到你总会确保家中有食物储备，也总是快速进食；你也许会意识到与饥饿感相关的焦虑情绪，甚至在完全不饿的情况下也需要一天吃三顿饭。如果我问你，你可能并不能解释为何身边总得有食物、为什么你感受不到饥饿。

我们不记得养育者在为我们换完纸尿裤，而我们又立刻在纸尿裤上"嘘嘘"或"嗯嗯"后养育者的笑容，也不记得养育者在遇到相同经历后的愤怒和吼叫。然而，一些被收养的孩子在尿床后非常害怕，他们会试图把床单藏起来。这个反应并不因其善良又理解他们的养父母，养父母总会向他们保证绝对不会惩罚他们。他们的反应基于更早期的经历，尽管这些经历没有被记录下来，尽管他们也忘记了曾经受到的惩罚。

我曾接诊过一位来访者，她是一位来自贫困福利院的小女孩。她在 18 个月大的时候被一个相当富裕的家庭收养。3 岁的时候，她开始痴迷食物。她会从自己够得着的碗橱里偷食物，从哥哥那里偷糖果，然后把它们藏在房间里。到了上幼儿园的年纪，她对食物的需求更加强烈。她会在校车上就把午餐吃完，然后从其他孩子那里偷食物吃；她会告诉老师母亲没给她准备吃的，然后在各种能找到食物的地方找吃的。养母会阻止她这种行为，但她总是屡教不改。养母真是又沮丧又无助。

在她的治疗中，我用简单的语言告诉她，我很想知道她是否在福利院感到饥饿，是否觉得没有人会喂她。她哭个不停，在养母的怀抱里找到了一丝安慰。对她来说，拥有食物充足的安全感是非常困难的，尽管通过治疗她对于食物的焦虑感有所改善，但至今她仍旧很敏感。对食物的需求运作于大脑最原始的部分，所以那些婴儿时期就被剥夺了食物的儿童很难改变对饥饿的原始恐惧。

依恋模式运作于内隐记忆的层面，是因为儿童对于依恋对象的需要在发育的早期阶段就有了。儿童通常有一个主要依恋对象，这一对象会以某种固定的方式对儿童的需求、渴望和感受做出回应。成人和儿童创造了一种类似于双人舞的模式，彼此学习如何回应对方。这一"双人舞"包含婴儿的需求表达和养育者的反应。随着时间的推移，儿童通过多次重复的动作学会了养育者的"跳舞"方式。养育者在不知不觉中教会了儿童如何跟随自己，即使儿童学会的这一切对他们来说并没有帮助。这一"舞蹈"可以让儿童感受到快乐、喜悦和安全，也可以让儿童感受到痛苦、不可预测和危险。

儿童进入青春期和成年期后，会继续与他人练习这种"舞蹈"。在我们学会的众多"舞蹈"中，你会发现很多动作都是自动做出的，因为它们被储存在内隐记忆中。青少年或成人也许会注意到，其他人跳得更好，彼此之间更流畅、更轻松。有的成人也许学会了更恰当的"舞步"和姿势。有的成人也许遇到了很棒的"舞者"，情不自禁地想与之共舞。虽然他们被出色的"舞者"深深迷住，但他们太害怕了，不敢冒险尝试全新的"舞步"。保持以往的模式让他们感到安全，即便他们深知更美好、更愉悦的方式是存在的。但也许他们可以改变自己原始的"舞蹈"模式，总有一天能学会正确的动作。

改变旧有的"舞蹈"模式并不容易。想要改变就得理解我们自动出现的期待和动作。学会新的"舞蹈"，你得去检查你被教导的所有步骤和方法，认识到这些并不正确，或者至少它们并非是最佳的表演方式，之后再学习其他步骤和动作。你得思考自己正在做的一切，去看、去学、去练习如何更好地舞动，哪怕你会经历沮丧、迷失和不足，但最终你会掌握全新的"舞蹈"。

摧毁旧有的依恋模式与构建全新的依恋模式是相似的。你要去了解当你还是孩子时发生了什么，你如何懵懂地学会了与他人相处，以让自身需求、渴望和感受得到满足；你要详细检验这些模式，停止故技重施，相信有更有效、更健康的关系模式；你要练习新模式，在练习的过程中你同样会感到沮丧、迷失和不足，你要持续努力，直至掌握全新的依恋模式。

第六章

识别自己的依恋类型

当一个成人有认知自己的依恋类型及改变它的意愿时，
他就可以创造更舒适、更健康的亲密关系模式。

为什么了解自己的依恋类型如此重要，如此有用？因为这可以帮助你了解自己，尤其是了解自己为什么选择了现在的伴侣，为什么会在亲密关系中有如此行为。从依恋理论的视角了解自己，可以减少对自己所做选择和行为的批判及愤怒。依恋理论很好地解释了人们对自己的负面观点会导致自己做出有问题的选择，那些负面观点都源自人们孩童时无法控制的经历。令人伤心的是，这些经历会在人们成年后仍旧带来影响。

我们很多人都有意识地做过决定。比如，我一定不会找母亲那样冷漠无情的人，也不要找父亲那种虐待他人的人。我们认为自己做到了，然而又会慢慢发现，我们选择结婚的伴侣恰好就像自己的父母。你在无意识中内化的关系模式主导了你的选择。无意识的动力要远强于有意识的决心。但我可以向你保证，当一个成人有认知自己的依恋类型及改变它的意愿时，他就可以创造全新的、更健康的亲密关系模式。

如何识别自己的依恋类型？你可以去找接受过训练的专业人员，让他们给你做一个专业的成人依恋类型评估测试。但这通常价格不菲，而且接受过培训，可以进行这一测试，并对测试评分的心理治疗师不是特别多。调查问卷也是一个选择，问卷会直接问你对伴侣的感觉，以及你在关系中的行为。你可以通过对照不同分类的描述来确认哪一类描述更适合你，进而识别自己的依恋类型。

在前文的内容中，我大致描述了依恋的不同类型。在接下来的内容中，我会更细致地描述它们，其中包含不同育儿方式（可能其中就有你曾经体验过的）的特质，以及不同依恋类型对应的行为和态度。仔细阅读每一种，集中注意力于任何对你来说准确的描述，把它们写下来，也许你会发现不止一种适合你。

在描述成人依恋类型时，我会再次提及儿童、青少年依恋，这会帮助你更好地理解哪种儿童、青少年依恋会发展为哪种成人依恋。

通过思考自身，回想儿时被养育的经历，反思过去的自己和当下的自己，你将了解你的依恋类型，也许从此走向改变。

识别自主型依恋

儿童、青少年依恋中的安全型依恋会发展为成人依恋中的自主型依恋。拥有自主型依恋的成人可以轻松、开放地描述自己的童年经历，并拥有很多回忆。如果被养育的经历让你感受到安全感，那你向朋友或想了解你的人讲述过去时，会是这样的：

• 在描述与主要养育者（尤其是母亲）的关系时，你会说："他满怀爱意，经常陪伴我，还很有趣。在我生病，感到受伤或压力的时候，他会给我关怀和支持。"
• 你会引用童年记忆，以证实上述描述。向他人描述那段记忆时，你大方坦诚，说得出足够的细节，语句就像滔滔流水，听的人丝毫不会怀疑这段回忆的真实可信度。而且，你乐意这样做。

以下也是依恋类型为自主型的成人所拥有的或在关系中表现出的特质：

• 重视关系，认为在生命中拥有亲密的人是重要的。
• 确保有足够的时间维系关系。在想要分享愉快经历，或因为生活中的事情感到压力激增、悲伤难过而需要支持和关爱的时候，会找与自己亲密的人。
• 独立和独处时也是舒适的。喜欢自己，对自己的能力和个人品质有信心，享受自己一个人做事情。
• 能够轻松接受伴侣或孩子与自己分离，也能够接受他们有其他重要的关系。

• 关系出现问题的时候，会自检并接纳自身的问题。有能力自省，能够接纳自己的错误，能够从错误中吸取教训并改变自身行为。

• 相信自己能解决关系中的问题，不会担心冲突会威胁到关系，或导致关系破裂。

• 能够接纳自己，也能够接纳他人的不同。

• 能够在关系中以平稳的情绪表达自身需求、愿望和感受。

• 能够与他人感同身受，理解他人的需求和感受。

如果你有这些特质，就说明你是一个很平衡的人，其他人愿意与你成为朋友或伴侣。你可能在事业、亲密关系中很成功。通常你自我感觉很好，有安全感。

识别痴迷型依恋

儿童、青少年依恋中的焦虑 – 矛盾型依恋会发展为成人依恋中的痴迷型依恋。想要确认你的成人依恋类型是否为痴迷型，自检以下描述是否适用于你：

• 会以杂乱无序，令人困惑的方式向心理治疗师叙述家庭中的事。在叙述中，母亲或者其他主要养育者时而完美无缺、乐于陪伴，时而阴晴不定、排斥拒绝。你无法预测主要养育者的情绪，但是会不停检查。在你的叙述里，你对主要养育者的感受是焦虑又愤怒。

• 成年后仍旧有焦虑和不安全感。非常渴望关系，同时会依赖他人以获得安全感和自我价值。

• 由于父母的前后不一致，你会对伴侣高度警觉，很容易被引发嫉妒感和不安全感。伴侣不在身边时，你会花很长时间思念伴侣。这种不安全感可能会让你斥责伴侣有了外遇或者更关心其他人，比如同事。你可能会开始检查伴侣的行踪，甚至包括其邮件和信息。这种绝望又苛责的行为可能会推开你在意的人。即便结果你心知肚明，但仍旧无法停止这种不顾一切的行为。

• 很难控制自己的感受。无论你体验到的是愤怒、悲伤、恐惧、焦虑还是喜悦，情绪的强度总是居高不下。这也许是你在童年时学会的方式，当你强烈地表达需求时，比如你暴跳如雷，你的父母才会关注你。你可能相信这样的方式依然行得通，但是身为成年人，当你强烈地表达焦虑和愤怒时，通常会让他人远离你，并不能拉近你们的距离。

• 很难独立，很难独自做决定，也很难信任自己的判断。你依赖他人的引导，但是由于你需要很多人的意见，所以最终可能会导致混乱，这让你感到无助，反而让你无法做出任何决定。

• 倾向于高估伴侣的重要性，尤其是在关系的初期，同时还有可能低估自己的重要性。你不知道为何对方会选择你，而你却快速地深陷其中。你的强烈感受和对依赖的迫切可能会把对方吓走。

索尼娅非常符合上述这些描述。她来找我时已是一位成熟女性，她维持多年的婚姻出现了问题。她一直以来理想化的丈夫不再表现完美，她对于如何处理这段婚姻十分挣扎。她对丈夫非常愤怒，焦虑于丈夫对她兴趣索然，但自己又完全依赖丈夫。索尼娅描述中的童年是非常美好的，她还说自己一直在父母身边，从未有人鼓励过她独立。她跟母亲很亲近，母亲时而爱意盈盈，时而易怒苛求。她的父母在各自的生命中都经历过强烈的创伤，所以总觉得有必要对女儿过度保护。

索尼娅遇到皮特——这个后来成为她丈夫的男人时，就无法自拔地爱上了他。她觉得这个男人如此完美——外向、迷人、成功，又交友甚广。而她自己是个内向、有点书呆子气的女人，朋友也非常少。

最终，皮特向索尼娅求婚了。索尼娅的父母并没有那么喜欢皮特，因为他有不同的信仰和文化背景，但是皮特向索尼娅的父亲保证他一定会照顾好索尼娅，给她美好的生活。索尼娅嫁给了皮特，满心欢喜地觉得自己找到了完美男人。她进入了他的世界，成为他社交生活的一部分，融入了他的兴趣喜好，也在生意上时刻帮助他。

索尼娅打造出了完美的家庭生活——丈夫、孩子衣着光鲜，房子装饰富丽堂皇，她让丈夫感受到不论他做什么都是完美无缺的。索尼娅的自我意识完全捆绑在丈夫的生活模式和性格上。母亲离世后，索尼娅感到自己更加需要丈夫了，但是她很快就感受到丈夫的若即若离。她注意到，相比自己，丈夫更关注其他人，更偏爱他自己的事情。她逐渐感到愤怒……直到有一天，她再也无法忍耐，当着朋友的面随手拾起一物就砸向了皮特。

索尼娅与皮特的关系每况愈下，但是索尼娅无法放下心中理想化的男人，在婚姻破裂之后仍久久不能忘怀。

识别疏离型依恋

儿童、青少年依恋中的回避型依恋会发展为成人依恋中的疏离型依恋。如果你的情况符合以下描述，那么你可以考虑自己属于疏离型依恋。

• 你叙述的童年经历中充满了忽视、拒绝或有条件的爱，但是你会否认这些对你个人发展的影响。你可能会说："这都是很久以前的事情了，跟我现在的生活毫无关系。"
• 你可能会理想化你的父母，但又想不到任何可以佐证这些的记忆。例如，你说你的母亲非常棒，但是无法说出任何她充满爱和悉心养育你的细节。

● 你可能无法描述父母，或者你可能会说已经不记得童年经历了。

● 你非常重视自身的独立，热衷于自给自足、独善其身。当你感到脆弱时，向他人寻求帮助或寻求支持会有些困难。

● 你倾向压抑脆弱、悲伤或恐惧的感受。也许你会允许自己有愤怒的情绪，但鲜少认出潜藏在愤怒底层的那些未被满足的需求。你的需求未被满足，是因为对你来说在亲密关系中表达需求是非常困难的。表达需求会让一个人依赖，这对你来说太可怕了。

● 你更喜欢投身于各类活动，而不喜欢花太多时间在亲密关系上。也许你是个工作狂，热爱运动，喜好各类休闲活动。你更喜欢和其他人共同参与活动，而不是聊天或分享感受。

● 对于那些你怀疑可能会拒绝你或让你感到高高在上的人，你会确保与他们保持距离。

● 你可能自视甚高，或呈现给他人一副有优越感的样子。

● 在事业上、各类活动中你可能都很成功，与泛泛之交也相处愉快。但你会发觉自己的伴侣、男友或女友总抱怨你在情感上有距离感。

雷蒙德是一位很符合上述这些描述的来访者。他来找我是因为他总感觉自己与妻子有距离感，也很难连接自己的感受。我让他描述一下与母亲的关系，他说母亲是一位家庭主妇。除此之外，他无法详细给出其他任何描述。他口中的父亲是一个不顾家、不与孩子互动的人。他的父母似乎对儿子漠不关心。他描述了大学时与一个女孩相爱的经历。他觉得没有与女友经常见面的必要，在女友去了另外一所大学之后也没有思念的感觉。他偶尔会去探望女友，他觉得自己有限的联络就是对女友的承诺了。当女友提出分手，并说她感到被拒绝，也感受不到他的爱时，他大为震惊。恋情告终之后他很思念女友，但仍旧没有做出任何努力，没有告诉女友自己的思念，也没有试图挽回。

雷蒙德事业成功，热衷运动，但是他从不期待回到妻子身边，也感受不到与她的情感连接。他远离了父母，很少联络父母，也没有任何亲近的朋友。他的依恋类型就是疏离型依恋。他看似一切良好，事业成功，闲暇之余热爱运动，也热衷流于形式的社交活动，但在成年之后，他一直回避亲近的关系，与自己的感受失去连接，也感受不到与妻子的亲密。

识别未化解型依恋

儿童、青少年中的混乱型依恋会发展为成人依恋中的未化解型依恋。拥有未化解型依恋的成人通常经历过创伤或重大丧失，这些从未得到化解，并持续地影响着现在。你如果拥有未化解型依恋，会有以下表现.

- 自述的关于在家庭中的经历让人困惑，有时是在谈论过去，有时听起来好像过去的状况一直持续到现在，还有时会回避谈论自己的过去，因为回忆太痛苦。如果经历过重大创伤，可能无法想起在家庭中的早期经历。

- 很容易被许多事情、情景，以及能够刺激感官的气味、触感、味道或声音等触发。被触发是指因为一个情景、一个人、一个事件或某种感官刺激做出极端的反应，此反应与当时发生的事情不相符，与情感层面体验到的不相符，也与感知到的，例如闻到、触摸到、听到或吃到的不相符。

- 处于剑拔弩张的讨论或困境中时会毫无判断力，不知道发生了什么。

- 在情感和心理层面与他人脱节，感觉自己不在当下，也无法与生命中的其他人连接。

- 发现自己无法掌控情感和情绪，自己的情绪会在毫无明显缘由或征兆的情况下快速转变，情绪的快速转变也许会吓到孩子或伴侣。

- 因为各种创伤记忆的侵入，睡眠质量不好，或经常做令人不安的梦，甚至噩梦。

- 因为各类侵入性的想法或记忆，很难专注。

- 性亲密对你来说可能很困难，因为这也许会让你想起曾经遭遇的虐待。

- 极端情况下，可能一天甚至好几天都想不起来自己做了什么、去了哪里。

• 更为极端、罕见的情况中，可能会感到自己具有不止一种人格，不同的人格会在不同的时间出现。

识别主要依恋类型与次级依恋类型

也许你会发现有不止一条符合你的性格或行为。就像前文说过的，一个人可能具备一个主要依恋类型，同时拥有一个或多个次级依恋类型。我的来访者卡丽就是这样。

卡丽小的时候，她的母亲无法提供持续的陪伴，用卡丽的话来讲，她感觉自己小时候对母亲感到既焦虑又愤怒。有时她会挑衅、不服从，但又会觉得一旦这样做，母亲就会变得非常疏远。这个距离感会吓坏卡丽，于是她又寻找方法把母亲拉回到亲密的关系中，这时她会变得甜美又可爱，在各方面表现优异，做任何能够取悦母亲的事情。卡丽的一位祖母住在附近，祖母很有爱心，又善于照顾孩子。卡丽说，她非常相信，一旦母亲生气或者拒绝她，她就可以去找祖母。

卡丽在关系中很难信任自己的伴侣，对伴侣的无法陪伴也非常敏感。如果对方工作到很晚或与他人在一起，她就会怒火中烧，心生妒意。她会检查伴侣的手机、邮箱，坚信他一定是有了别的女人。她完全沉溺于此，一遍一遍地告诉自己：他已经不爱我了，他正在跟别的女人约会。她甚至会情绪强烈地跑去质问对方。她生气、哭泣，又乞求宽慰。她的性格和情绪化的行为表现出痴迷型依恋的意识形态。

如果伴侣向她表达爱，承诺自己忠心，她就能够消除顾虑。有了这样的保证，她就能够平静下来，相信伴侣的话，也能够自我反省，说服自己这些强烈的反应都是出于不安全感。在更平静的状态中，她对伴侣有更现实的看法——她知道这是一个靠得住、值得信赖的男人。这一部分得益于她的安全感和自主性，这是源自与祖母的关系中内化的性格。她并不能总是停留在安全感中，但一旦她的丈夫成为她需要的安全、可信赖的依恋对象，她就能感受到安全感。

第七章

改变依恋类型，
做有安全感的成人

我们的目标是发展出自主型依恋，拥有获得性安全感。
我们要相信，关系是安全的、滋养的，自己值得持续的
爱和关心。

读到这里，相信你对自己的依恋类型已经有了一些了解。如果发现自己具备的是无安全感的依恋，你可能又开心又沮丧——开心于发现了理解自己的全新方式，这既有启发性又让人兴奋；沮丧于觉得这个陪伴你大部分人生的生活方式几乎不可能被改变。

　　本章将着重关注如何理解、改变你的依恋类型。我们在前文讨论了如何通过浏览每种依恋类别的态度和行为描述来识别自己的依恋类型。你可能会发现有不止一种类别的描述适合你，但是大多数人都会看出自己更适合其中一种类别。这一类别是你在关系中的主要依恋模式，也是你改变模式的主要关注点。

　　我会再次描述你因为某种特定的依恋类型而在关系中的行为表现，这样你就可以更好地识别自己的类型，并关注能改变这一依恋类型的特定丁顶措施。同时我也会谈到不批判意识的重要性，以及接纳那些你无法改变的事情。

"正念"这一概念被广泛讨论。丹尼尔·西格尔（Daniel Siegel）将正念描述为"一种心智活动，训练意识觉察自身，关注意图……需要以不评判、无反应的态度关注当下"。尽管我不会特意使用这一术语，但是我相信，正念对于改变自己来说是至关重要的。为了改变依恋类型，我们需要诚实地审视自己在亲密关系中的行为、情绪、信念、期待和意图。理解自己是在懵懂中，是出于对亲近和生存的需求而发展出了现在的关系模式，能帮助自己做到这一点。你之所以具备现在的依恋类型，都是因为童年经历，而后来的人生经历也很有可能让你更为确信。改变的第一步，就是带着善意、开放的意识和不评判的态度接纳这一切。只有对自己诚实，接受看待自我的全新方式，你才能走向改变。

　　理解自己包含理解自己的人生故事，这个故事可能是痛苦的，也可能是不痛苦的，但不管如何，它都是你在成年后能理解的。关于依恋理论的研究表明："拥有自主型依恋的人既认可家庭体验中的正向经历，也认可负向经历，他们能说出这些经历与后期发展的关联。他们能够连贯地描述过去，能够理解自己是如何成为现在已是成人的自己的。"即使是经历过艰难过往的人，也可以通过回忆和理解童年体验，发展出可信的、连贯的生活故事，从而获得自主型依恋。

以发展出自主型依恋为目标

你的目标是发展出自主型依恋，拥有获得性安全感，这样你就可以将亲密关系视为安全的、滋养的，你也将体验到自己是能够得到持续的爱、关心，并有安全感的。发展自身的自主型依恋是一个很有价值的目标，因为它会为你带来以下正向的特质：

有合理、正确的意识

自己有权在亲密关系中表达感受、需求和渴望。对这一权利有正确意识，意味着你知晓自己在亲密关系中足够重要，足以让对方理解自己的需求、渴望和感受，但你并不认为自己重要到可以只考虑自己的需求或永远考虑自己的需求。

在亲密关系中，你有能力与对方互相依存

这是从上一特质中衍生的。你理解两个人在关系中都要体会到需求、感受和渴望能在大部分时间被满足，你们之间有相互依存的平衡感。你有足够的安全感，可以暂缓自己的需求和渴望，因为你相信这些在不久的将来会被满足。

接受不同

你的伴侣可能在很多方面与你不同，比如感知世界的方式、价值观、关系中的行为、敏感度、口味和愿望。这些不同往往

导致冲突，因为关系中的一方会认为自己的方式是正确的而另一方是错误的。自主型依恋的人很擅长以平常心看待不同，并不进行价值评判。如果不同导致了冲突，他们会通过讨论寻找解决方法，并不需要攻击或者争执谁的方法更好。接纳不同可以带来和解。

不评判

能够接受不同，说明你很少评判与你不同的人。这并不意味着你没有价值观或道德标准。不评判是指你对其他人具有不同的价值观、道德观和生活方式这一现实持开放态度，对他们的方式有好奇心，而不是快速做出判断。想象一下，如果有这样一个世界，每个人都能接纳彼此的不同，但只是不同，没有谁好谁坏、孰优孰劣，那会是怎样的呢？

拥有正向的自我认知

拥有自主型依恋的人具有良好的自我价值，以及现实的自我意识，能够接纳自身的不完美和限制。

兼备独立与结合的能力

拥有自主型依恋的人既能保持亲密又能保持独立。他们重视亲近的关系，会去寻找并努力维护。他们也重视自身的独立性，享受独处的时光、独自进行活动及主要关系之外的友谊。

应对冲突的能力

拥有自主型依恋的人能够解决亲密关系中的冲突。他们更专注于导致冲突的问题，而不是沉迷于个人感受——感觉受到威胁，或者觉得关系注定破裂。他们相信自己有能力修复冲突，尽管他们会在争吵中感到受伤或被打断。

情绪管理能力

拥有自主型依恋的人能够感受、表达自身情绪，又不会失去对情绪的控制。这是非常重要的品质和优势，因为能够控制或调节情绪，不仅是健康的亲密关系所必要的，也是生活中的成功必不可少的。

持久性与承诺

拥有自主型依恋的人能够在亲密关系中给出长期承诺，并信守这些承诺。这归功于已经提到的很多特质，也是因为他们能从亲密关系中收获满足感，并依赖这些关系获得情感支持和安全感。

通常，如果你的亲密关系触礁，并且你认识到自己至少需要为问题承担部分责任，我会建议你去看心理治疗师。就我而言，我建议你找一位了解依恋理论，并能够提供依恋取向治疗的心理治疗师。然而，依恋取向的心理治疗师不好找，所以找到一位让你感到舒服的、能够逐渐让你产生信任的心理治疗师也是很好的选择。想要获得依恋取向治疗带来的深刻改变，你可能需要接受长期的治疗。如果你与伴侣决定共同接受治疗，你也得回看童年经历，理解它究竟是如何影响你当前的亲密关系的。

很多人出于各种原因无法接受或不愿接受心理治疗。因此我会提供一些策略，帮助你理解自己的依恋类型，改变依恋类型给你亲密关系中的行为带来的负面影响。但是话说回来，这些建议并不能代替心理治疗。

改变痴迷型依恋

如果你认为你的依恋类型是痴迷型，那么你很有可能在亲密关系中出现如下问题：

- 很情绪化，管理情绪的能力较弱。
- 在亲密关系中时常感到焦虑、愤怒。
- 不太相信伴侣真的爱自己，并始终如一地伴在自己左右。
- 低估自己，缺乏安全感，高估伴侣，至少在关系初期是这样的。
- 处于一段关系中时才感觉自己是完整的，极度依赖亲密伴侣以获得自我感知。这种依赖会让你因伴侣生活中的其他人、其他事而心生嫉妒、感到被威胁，通常你会因伴侣感到焦虑或忧心忡忡。这些强烈的感觉会破坏你们的关系，但对你来说控制它们是不可能的。

尽管挑战重重，但为了做出改变，你必须做到以下六点。

理解自己的童年经历

对于任何想要改变成人依恋类型的人来说，第一步就是了解自己是如何变成现在这样的。如果你拥有痴迷型依恋，那么这通常意味着你的主要依恋对象并不总在你身边。为了被主要依恋对象听到，你学会了大声地、戏剧性地表达自己的需求和欲望；为了被注意到，你学会了采取一些方式进行操控。你总是保持警觉，以确保不会错过主要依恋对象任何可以陪伴你的时间。这意味着你非常依赖主要依恋对象，但又不相信主要依恋对象能够在你需要时陪伴你。离开主要依恋对象对你来说很难，分开的时候，你大部分时间都在想主要依恋对象。

你有必要知道这一点：这种早期的亲密关系会让你以扭曲的视角看待所有关系。你会一直缺乏安全感，害怕没有人陪伴你，对于是否会被伴侣抛弃非常敏感，也很可能误解伴侣的某些行为和其他关系。当你还是孩子时，你竭尽所能地保证母亲或其他养育者不会离开，确保他们给了你陪伴。但是在现在的关系中，你不必这样做，尤其是在与伴侣的亲密关系中。你需要发展表达焦虑和需求的其他策略，并确保以不扭曲、实际的视角看待关系中发生的一切。

管理自己的情绪

我在第五章阐释了对于大脑的一些理解。无法控制强烈的情绪与大脑有关。你体验到的情绪直接来自边缘系统（情感脑）。你还是孩子的时候，总是处于焦虑和愤怒的状态，所以你的新皮质（理性脑）没有得到最佳的发展。我们通过大脑中递质的传递来管理情绪。在各部分密切协调的大脑中，边缘系统中的递质将情感传递给新皮质，新皮质评估情感的意义，并将评估的意义传递回边缘系统和脑干，然后人们做出适当的反应。而在各部分不密切协调的大脑中，边缘系统的反应并没有结合新皮质传递的信息，所以人们在交流中表现出原始的情绪反应，这一表现可能通过语言，也可能通过行为。

当丈夫工作到深夜，妻子深感嫉妒和焦虑时，情绪就加足了马力。即便妻子知道丈夫真的是在一个商务会议中无法脱身，她的情绪也已经控制了大脑。理智层面她知道丈夫的会议延时了，但是她不信任的情绪驱使她每隔 5 分钟就给丈夫打一次电话，让她满脑子都在想丈夫在做什么，让她想象丈夫正在办公室和某个女人幽会，让她怒发冲冠。好不容易丈夫回到了家，妻子的边缘系统和脑干已经占据了绝对上风，她不由自主地朝丈夫吼叫，扔东西，直到筋疲力尽，号啕大哭。如果可以在那个时候看看她的大脑，我们会发现她的边缘系统被激活了，而新皮质处于休眠状态。

你需要激活理性脑，也就是新皮质。考虑到情绪的强度和冲动性，你只有很少的时间做到这一点。以下是你需要反复练习的步骤。

1. 了解自己的触发点。你的伴侣或亲近的朋友无法一直与你共情或无法立刻感你所感，与你的触发点有关。

2. 对触发做出回应前，识别恐惧、焦虑、愤怒的情绪。

3. 自我对话。告诉自己"我知道这些情绪来自哪里，它们并非基于现实"。

4. 自我安抚。每个人自我安抚的方式都不一样，你要找到对处于易激状态的你有效的方式。这样的方式可以是泡个澡，跟朋友出去玩，给自己买一个小巧又便宜的小物件（比如口红），看自己最喜欢的电视节目，甚至是大哭一场。避免使用暴饮暴食、购买昂贵物品、赌博、饮酒、吸毒或报复伴侣等方式安慰自己。

5. 学习使用下面已被证实有效的六种方式来控制自己的强烈感受。

（1）深呼吸。练习深呼吸，并将注意力放在呼吸上。这对你来说并不容易，因为胡思乱想和愤怒的情绪会不断打扰你对于呼吸的专注。每当你被焦虑或愤怒分散注意力时，尝试重新将关注带回到呼吸上。

（2）将注意力放在更正向或能转移注意力的想法和某一点上。比如，想想与伴侣度过的美好时光，你在某地独处的时候，电视节目的某个片段，看过的电影，读过的书，听过的音乐会等。重新聚焦注意力的目的就是打破胡思乱想的循环，以及摆脱随之而来的强烈感受。

（3）运动。瑜伽和普拉提是人们熟知的能帮助自己关注当下的运动。不过，运动方式并不局限于这两种。只要是能够让你关注身体，改善健康的运动，你都可以尝试。如果你能够参加团队运动或加入团体健身项目，那就更好了，因为这会促使你与他人互动。如果你选择单人项目，比如慢跑或散步，听音乐或听广播，也都是很好的。

（4）与朋友或亲人交流。如果告诉别人你的体验和感受能够帮助你冷静，让你获得对于当前现状更为现实的视角，那么这是一个很好的选择。要选择观点让人安心，不会为你那些不切实际的看法助力的人，不要选择助燃你情绪的人。

（5）与伴侣交谈。如果与伴侣交谈有帮助，一通电话、一封邮件就能让你安心，那就行动吧。如果你需要很多通电话，或者长时间的通话才能让你安心，那就不要做。这种激烈又耗时的讨论只会让伴侣对你更为疏远，会让你更加火冒三丈，这样是没有帮助的。

读懂依恋：拥抱更好的亲密关系

（6）药物治疗。我知道，做出这个决定可能需要经过艰难的思考，但这很可能是必要的。痴迷型依恋的人体内的化学水平通常会因为早期经历而变得失衡。对于大脑化学成分的完整解释非常难懂，我会用简单的语言帮助你理解：在痴迷型依恋的人体内，引起焦虑和愤怒的化学物质过量，保持平静、满足状态的化学物质不足。因此，他们可能需要借助药物的力量帮助大脑提升能力，使激动状态变得更为平和。（关于药物治疗的具体问题，还需要咨询家庭医生或精神科医生。）

缅怀渴望得到却不曾得到的

痴迷型依恋的人通常对父母仍有愤怒，又依旧依赖父母，仍希望父母可以给他们持久的爱和关注。如果是这样的情况，你需要接受你与亲生父母、养父母、寄养父母或任何养育者的关系都不太可能改变的事实。缅怀小时候渴望得到却没有得到，以及身为成年人仍没有得到的一切，所有拥有无安全感的依恋的人都需要这样做，而你的缅怀可能包含一些强烈的感受。你可能需要他人的协助来经历这一过程，但其中的一些阶段需要你独自面对，去感受痛苦、悲伤和愤怒。你的缅怀可能有些抽象，更多的是来自内心，但这一过程非常类似于缅怀你失去的一位亲近的人。缅怀分为以下四步。

1.抗议和愤怒。你可能会对父母感到愤怒，他们未能满足你儿时的需要，未能理解你儿时的感受。如果他们还在世，你可能会否认"他们不会改变"这一事实，并对此表示抗议。如果他们已过世，你可能会愤怒于他们在你还未解决与他们依恋关系的问题前就离你而去。你需要及时放下愤怒的情绪，这样你才能感受到痛苦。

2. 悲伤与绝望。你会感到深深的悲伤——在很小的时候，你没有得到需要的、始终如一的爱和关心，这导致你缺乏安全感。你可能需要哭一场，去感受失去的痛苦。如果你的父母还在世，你需要暂时和他们保持距离。你如果认为父母有能力自省他们的育儿方式，能够开放地接纳你的全新理解——你看到他们的前后不一致和他们的痴迷型依恋，那么就可以试着与他们沟通。在此期间，与伴侣分享你的痛苦和悲伤，寻求伴侣的支持会对你有帮助。因为你的愤怒并不是针对伴侣，所以你的伴侣也许能够提供帮助和指引。

3. 冷静。最终你会冷静下来。这是一种健康的冷静，你能更好地接受父母，以及他们的局限，能接受父母在关系中能给你的和不能给你的。你会减少对他们的需求。当你已是成年人，可父母仍不能一直给你支持，但你已不再心存渴望，不再苦苦追求，你就不会体验之前体验过的愤怒和焦虑。

4. 重建自我意识。一旦你找到释然的感觉，能够基于现实，并不加评判地看待父母，你的内心就会感到自由、平和。希望你能立足实际，接纳自己在关系中的需求和愿望，摒弃以往的戏剧化张力，平静地与他人沟通。希望你的伴侣能感知你的变化，能够更多地接纳你的需求和愿望，更好地满足你的需求和愿望。全新的自我意识能帮助你更现实地看待关系，帮助你更好地决定伴侣是否真的适合你。

更自主，更独立

正如前文讨论的，焦虑－矛盾型依恋的孩子会非常依赖他人、非常黏人。他们无法带着安全感进入外在世界，因为他们的依恋基础是缺乏安全感的。如果你的母亲有时和蔼可亲，能够提供爱和滋养，那你肯定不想错过这时候的她。这就意味着你得一直待在母亲身边，不能离开她太久。最后你会黏着母亲不放，想尽一切办法吸引她的注意，却总是会感到无助和焦虑。在大部分关系中，你可能仍旧会感受到这种渴求，感觉生活里始终需要一个人在自己身旁，这样才能感觉自己是完整的。

改变这一点可能极富挑战，但是成为独立自主的自己对你来说至关重要。即便不在亲密关系中，你也需要有良好的自我感知和自我完整感。独立的自我意识会让你选择一个具备成人安全感的人，或者改变你现在的关系。

采取以下两项行动，让自己更自主，更独立。

1.有一个完全属于自己的活动。这个活动可以是你的工作、你的兴趣，它需要你暂时从与伴侣或父母的关系中抽离。一开始，你可能会花时间想你的伴侣、男友或女友正在做什么，但重要的是，你不联系他们，专注于你的独立活动。随着时间的推移，这个活动会为你带来乐趣，如果它还能提高你的技能，丰富你的知识，你的自我价值感就会提高。

2. 让自己安心，让自己知道即便没有伴侣、父母，自己也能应付。当你感到焦虑，需求强烈时，阻止自己给伴侣打电话。你要尝试完成当前的任务或解决手头的难题，告诉自己即便只有你一个人，也没有问题。可能你需要安慰自己很多次。慢慢地，你会相信自己能够搞定一切，你会感到随之而来的力量和信心。

更有效地沟通自己的需求、愿望和感受

你在还小的时候便学会了如何在母亲或其他养育者无法陪伴你时获得关注 ——增强需求。甚至在婴儿时期，你就已经知道，如果你哭得更大声、更久，母亲最终会听到你的哭声，然后来照顾你。现在的问题在于，时至今日你仍相信你需要坚持不懈地提要求，然后才能得到关注。然而，身为成年人，过分苛求关注只会让适合你或你想要的人远离你。

你需要以伴侣能听懂、理解的方式与对方沟通你的需求和愿望。你需要借助感受来加以解释你有多需要得到关注，无人在身边时你有多敏感，但助力你感受的绝不是无法控制的愤怒。如果你向伴侣表达你因对方不在身边而感到伤心，害怕自己对对方来说不够重要，那么你的伴侣就能听懂。我也希望你的伴侣能与那刻的你心意相通。总而言之，愤怒将人推远，伤心把

人拉近。

重视自身价值

当父母不能提供陪伴，或不能一直提供陪伴时，大多数孩子会认为是因为自己不够可爱，不值得拥有爱和关注。他们会内化这一信念，甚至做出与之相符的行为。焦虑－矛盾型依恋的孩子会以不合时宜的方式苛求关注，他们黏人，需求强烈，还可能真的不讨人喜欢，最终身边的老师、其他长辈、同辈都被他们以这样的方式推远。他们被其他成人及孩子拒绝，进而强化了他们不可爱、不值得被爱的信念。成年之后，他们仍旧无法重视自身价值，会继续因需要关注或难以相处的行为被他人疏远。

以下是你需要采取的三项行动。

1. 你必须告诉自己"我是可爱的，我是值得被关心、被关注的"。童年经历让你贬低自己，然而你不需要在当前的生活中依旧如此。你要学会关注你的专长，以及你发现的自身的正向特质。

2. 你如果需要外界的强化，那么就去询问你关心的人，由他们告诉你你的价值所在。仔细聆听他们的反馈，不要试图用"他们并不了解我，他们只是为人和善，但不诚实"这样的想法说服自己，也不要使用任何你习惯的方式否定他们对你的正面评价。

3.每一天，你都要关注你所带来的建设性结果，并通过这样的方式不断肯定对自己的正向评价。如果你在某一天过得很糟糕，又回到了苛求欲强、破坏性高的模式中，那么请原谅自己，并告诉自己"明天会是崭新的一天，我有很多机会做出改变"。

不要忘了一点：无安全感的依恋模式的形成需要很多年，想要重建有安全感的依恋模式，也需要很长时间。

改变疏离型依恋

如果你认为自己的依恋类型是疏离型，那么你就可能已经意识到你有以下特质：

• 限制自己感受或完全不允许自己感受。

• 害怕依赖，害怕感到脆弱。

• 很难表达内心的需求、愿望和感受。

• 用持续忙碌、成为工作狂、成为照顾者、花很多时间社交、长时间独处、拒绝在关系中做出承诺等策略避免亲密。

• 需要掌控关系和所处的环境。

• 性生活混乱，重视性关系但不期望情感亲密，或在亲密关系中拒绝性行为。

- 重视理性高于情感。
- 认为自己优于他人。

你很难发展亲密关系，很难允许自己脆弱、依赖，同时你高估了自己的独立和自给自足。你需要自检并理解你逃避亲密关系的特定风格，这样你才能实施以下我所提出的九项改变策略。你的挑战在于，你需要丢弃所有你发展出来的不让自己进入亲密关系的方式和策略，同时你需要忍耐面对亲密关系议题时被激活的焦虑和恐惧感。

以下九项改变策略是你要尽力做到的。

理解自己的童年经历

回避型依恋的孩子，他们的父母或其他养育者通常不提供陪伴，拒绝满足孩子的需求，或以自我为中心。如果你的父母或其他养育者一直无法陪伴你或总是拒绝你，那么你就会学会压抑自身需求、愿望和感受，学会回避父母或其他养育者，因为你无论如何都不会得到爱、关心和同情。

如果你的父母或其他养育者是自恋型，需要你照顾他们的需求或需要你成为完美孩子，那么你就会学习到：只有满足了父母或其他养育者的需求，并否认自身的需求，你才能被爱、被重视。可能你需要支持一个依赖性强的父亲或母亲，不断告诉父母他们自己有多棒，或者你得确保自己光鲜亮丽、举止得体，以此反映父母有多好；在学业和各类活动中取得优异成绩，让父母脸上有光。

如果你的父母或其他养育者是专制型，要求你服从他们，表现完美，那么你就会学习到：你得顺从，得在课内外活动中表现优异，这样才能得到父母的认可。如果你无法表现出父母期待的样子，你就会被轻视，被拒绝。

如果你的父母属于以上提到的类型，你就得学会照顾自己，不能依赖成年人。对于你和与你一样的孩子来说，必须面对一个令人悲伤的事实：你们也许只是看起来独立、坚强、自信、成功。其他的成年人，比如老师、教练、其他孩子的父母会邀请你们做他们的帮手，或至少期待你们一直保持这种不制造麻烦的状态。如果你是一个学习成绩优异，课外活动表现卓越的孩子，就会因此受到表扬，并持续相信你被重视是因为你的表现而非你自己，老师和其他成年人不会认为你们是脆弱的、是需要关注和支持的。然而事实是：回避型依恋孩子的独立又成功的外在都建立在一个脆弱不堪的基础上。

允许自己感受

成年后，你也许在你的专业、生意、工作或各个领域都获得成功，但在亲密关系面前，你会遭遇滑铁卢。你的伴侣会抱怨你缺乏情感，无法表达喜爱之情，花太多时间工作，跟他有距离感。也许，你能理解你的距离感给伴侣带来了多大的困扰；

也许，你实在不懂伴侣到底需要什么，你让对方拥有稳定、优渥的生活，你满足了对方所有的物质需求，可对方仍旧郁郁寡欢。是否能参透其中的含义取决于你是否有觉察，是否能连接自己的感受。

你要经常问自己：我的亲密关系让我有何感觉？亲密关系中的问题让我有怎样的感受？你要努力阻止逻辑头脑向你和你的伴侣提供答案。深入自己的内心，花点时间连接你的感受，它可能是愤怒、悲伤、焦虑或恐惧。你甚至可以停下来感受快乐和幸福。在你思考是什么激起了这些感受，以及如何解决这些问题之前，单纯地与这些感受共处。你可以尝试做一些活动，帮助你感知这些感觉。

比如画画。允许自己画出想到的一切，不用担心画得好不好，准不准确。给你的画上色，完成后问问自己，这幅画唤起了你怎样的感受。你也可以尝试问问你信任的人对你的画有什么印象。把它们写下来，反思自己的感受。不要分析你的画。

比如多看展示面孔的图片。看看杂志，寻找面孔，问问自己不同的面部表情唤起了你怎样的感受。

比如回看过去的照片或视频。看看你是否能从照片或视频中分辨出小时候的你、青春期的你和成年的你有怎样的感受。允许自己为以前的自己感到难过——那时的你必须力尽完美，封闭自己，悉心照顾他人，独立又孤独。

学会依赖与脆弱

这对你来说是一个巨大的挑战。因为你发自内心地相信不会有人了解你的内心世界或者给你支持、认可、拥抱和亲吻。然而学会更加依赖对你来说是至关重要的，这会让你体会到美妙的感觉：有人真心实意地站在你的阵营，他们鼓励你一切为了自己的需求和愿望，而不是为他们。当你对自己的工作或其他事项的表现感到怀疑，甚至对自己感到怀疑时，你需要主动请求帮助。你需要告诉伴侣你的感受，并请求对方的支持。别忘记这一点：你的伴侣可能早已认可你是个自力更生的人，所以当你请求援助的时候，对方可能会很惊讶。你需要和伴侣有更多的情感对话，尽管内心所有的声音都在告诫你：贬低这段关系，回到孤独和独立的状态。忽略那些老掉牙的声音吧，你正在为成为全新的自己——可以依赖他人的、平衡的自己——而努力。

当你对亲密感的恐惧浮现时，你需要找到控制、调控焦虑的方法。你可以按照以下五点来做。

1. 练习深呼吸。

2. 如果感到压力过大，就选择离开。告诉伴侣你之所以这样做，是因为敞开心扉会触发你的焦虑。焦虑缓解后再回来继续沟通。

3. 回想能够让你进入更平静状态的地方、情景或人。

4. 尝试通过让伴侣握住你的手，给你一个拥抱，或只是安静地坐在你身边来安慰你。在舒缓的时刻，你并不需要谈论任何事。

5. 如果在触及亲密的过程中感到焦虑快要到达让你无法承受的临界点，那就先中断这一过程，让自己喘口气。允许自己重新体会过去的防御模式，例如工作、运动、长时间玩电脑等。采取回避模式的时间不宜过长，短暂即可。比如，用一天减少你的焦虑水平，并安抚自己："我的情绪会稳定下来，我可以继续学习如何与人亲密。"

确定自己的需求和愿望

你需要多跟自己待一会儿，许可自己探索在关系中需要什么、想得到什么。如果这很困难，就让自己幻想对你来说最完美的关系是怎样的。写下至少一个你希望伴侣可以满足的，你想要体验的需求或愿望。如果这一点你能做到，那就同时写下这一需求或愿望如果没有被伴侣满足，你的感受会是怎样的。你的感受可能是对伴侣没能满足你需求的愤怒，也可能是你因被忽视而感到的悲伤。感受是被允许的，随心所欲地去感受。

坚持写日记。记录你尝试改变时内心的感受，记录你是如何应对这些感受的，记录你慢慢出现的需求和愿望。练习记录当你跟伴侣分享感受、需求和愿望时，你可能会说的话。

创造亲密

慢慢地，你会逐渐放弃儿时为了回避亲密而发展出的所有策略。整理一个列表，写下你的所有回避策略。这些策略可能包括：

1. 保持忙碌。

2. 你只和伴侣谈论孩子、家务、彼此的工作、八卦新闻、政治或对知识的追求，对你的感受、你的担忧或你们之间的关系避而不谈。

3. 长时间工作。

4. 过度运动。

5. 参与很多业余活动。

6. 大部分时间都花在电脑、平板或手机上，甚至在吃饭时间、陪伴伴侣和孩子的时间，以及睡前时间都是如此。

询问伴侣，了解伴侣认为你是如何疏远他的，同时对他的看法保持开放的态度。详细列出你避免亲密关系的方法，之后选择一个，准备着手解决，记得要选一个对你来说最简单的。

我的一位来访者一周会打很多次冰球，这让他的妻子大为苦恼。她觉得与丈夫在一起的时间很少。讨论过这个问题之后，他告诉妻子，他一直希望她能来看他的比赛，看他在球场上大展雄风。尽管妻子对冰球没有半点兴趣，但是她仍旧选择欣然前往，接受了这个亲密的邀请。此后，他也愿意寻找他们彼此都能享受的事物了。

另一位来访者——尽管这些例子都是男性，但是疏离型的女性也是存在的——每天工作到很晚。他的妻子会抱怨这一点，但也找到了方法来应付丈夫不在的时刻。他一直认为自己必须奋力工作来养家，也经常指责妻子的花销太大。我帮助他理解了从小他就学会了要在学校成为优等生，在大学坚持品学兼优，以换取父母的爱，让父母为他骄傲。之后他仍旧觉得自己要给家人提供最好的一切，在自己的专业领域成为最顶尖的，然而这些并非他的妻子和孩子需要的。他开始慢慢地减少工作时间，多花时间陪伴妻子。尽管在一起时二人仍旧主要关注家务，但是妻子欣然接受了他的陪伴，很欢迎这种变化。

学会随性自然

疏离型依恋的人往往控制欲更强，因为他们在过往的生命中一直学习控制自己的情绪，把亲密程度控制在自己能容忍的范围之内。他们在生活上往往循规蹈矩，并不会因为喜悦和乐趣而随性地做些什么。作为一个疏离型依恋的人，你需要冒险做一些随性自发的事，比如突然打电话给你的伴侣，告诉他你预订了一家很棒的餐厅，或者比这更好的，告诉他你预定了酒店的一间房间，周末你们要在那里度过。

拥有持久的、单一的性关系

如果你的依恋类型是疏离型依恋，那么你可能会与多人交往，也许是恋情无缝衔接，也许是脚踏几只船。很明显，这是你回避亲密的方式，同时这也让你感到空虚、孤独，从而再度确认你儿时的信念——没有人能够满足我的需求。你需要打破这一模式，你要强迫自己和一个你喜欢的人持续交往，看看你们的关系是否能够发展到更亲密的程度。同时你要阻止自己快速发展性关系，因为这样的关系都是停于表面的，也不会给你带来任何情感满足。

如果你身处恋爱关系或婚姻中，却依旧风流韵事不断，就需要理解：这样的出轨行为无非是在回避恋爱关系或婚姻中的真实问题。你既在回避处理恋爱关系或婚姻中缺失的部分，也在回避未来获得真实亲密感的可能性。你需要终止所有风流韵事，与你的伴侣真诚交谈。在这些情况中，更明智的做法是咨询心理治疗师。

让情感脑发挥作用

小时候，我总是听到哥哥和父亲谈论政治。我知道父亲非常热爱阅读关于政治的文章并关注时事，他也参与了当地的一些政治活动。母亲则在厨房烹饪、打扫。大家期待我可以加入母亲，去厨房帮忙，我却坚持待在父亲和哥哥所在的房间里。我开始对政治感兴趣，并追随了父亲的政治观点，这样我就可以成为父亲和哥哥组成的"高智商精英二人组"的一部分。我一直不确定自己是否成了其中的一员，但可以肯定的是，我曾非常努力地让自己理性起来。我放弃了爱情小说，也把美容杂志搁置一旁，至少藏到哥哥看不到的地方。我转头看起了政治文章，最终我在大学里选修了政治和哲学课。为了成为父亲看重的人，我压抑了自己更单纯的兴趣，也克制了自己的创造力。

直到成年后我才明白，对父亲来说，关注政治不过是他满足童年缺失的东西的一种手段，是他给人生赋予意义的一种方式。对他来说，与人亲密无比困难，所以他的关系都是围绕着他的政治信仰和政治活动。当我理解了父亲的疏离型依恋，我意识到我也变成了一个过度重视理性的人，而且我建立的关系都是以对方的智力水平为基础的。幸运的是，我成了一名心理治疗师，培养了自我意识，也有了改变的诉求。

很多疏离型依恋的人都利用理智和理性来回避情感上的亲密。如果你很快就因为对方的智商不够拔尖或对于文化知识不够见多识广而拒绝对方，那么你就要明白，这是你回避亲近的一种方式。我并不是说对政治、文化、艺术、历史或任何其他追求感兴趣是没有价值、不够充实的，然而如果你利用这一切来提升自我优越感，诋毁那些智商或文化水平不足的人，那么这种充实生活的元素也就成了你防御情感亲密的措施。也许你需要找一个和你一样对这些感兴趣的人，但如果你的亲密关系都建立在理智和知识上，那么你就没有使用你的情感脑，而情感脑恰好是你表达情绪所必需的，也是你与他人亲近所必需的。

你应该问自己"我对这个人的感觉是怎样的"，而不是关注你正在和他展开的理性的讨论有多棒。你需要学着冒险谈论你自己、你的感受、你关心的，以及你想从他人身上获得的。你还得冒险让自己在情感层面更为亲近，即使在面对那个和你分享"理智爱好"的人时。

不再自视甚高

作为理智防御策略的必然结果，自视甚高是一个绝佳的距离调节器。它能让你无视他人，诋毁他人，在你高高在上的泡泡里保持安全。如果你有幸找到一个仰视你的，跟你在一起深感荣幸的人，那我也要提醒你，这样的关系并非真正的亲密关系。当你被伴侣崇拜时，你们的亲密关系是缺乏相互性的，而相互性是亲密关系的必需品。也许在关系的初期，你感觉甚好，但这样的感觉不会持续太久。大多数的长期关系都会慢慢磨掉两人的高低差。当你的伴侣见过你的赤身裸体，见过你保养自己的身体，在日常生活中看到你的所有缺点时，你很难保持高高在上的优越感。即使你是宪法专家，但是如果你修不好水龙头、忽视妻子的新发型，或者是个糟糕的爱人，那么你的优越感也会随着时间的推移而减弱。

所以，你需要了解真正的亲密是由什么构成的，不要只使用你的理智脑。你需要了解自己，以及伴侣的需求、愿望和感

读懂依恋：拥抱更好的亲密关系

受，还需要从情感层面更深入地了解你们之间的关系，探寻真实的亲密。

改变未化解型依恋

未化解型依恋的人在童年经历过创伤或重大丧失，并且没有化解创伤对人格造成的影响。创伤可包含身体虐待、性虐待、严重的忽视，以及目睹家庭暴力或经历战争及冲突性暴力。父母离世或被父母遗弃也会给儿童带来创伤。发生在世界各地的自然灾害也可能造成创伤……

我会把关注点放在童年早期遭遇虐待或被忽视的人所发展出的未化解型依恋上，尽管其他形式的创伤对于信任和安全感而言也具有毁灭性的打击。

虽然我会为未化解型依恋的人提供一些自我干预措施，但是我诚心建议那些自我诊断拥有这一依恋类型的成人寻求创伤领域的专业心理治疗师的帮助。在没有专业帮助的情况下探索童年创伤是有风险的。有些触发点会导致创伤反应或创伤回忆的再现，这对当事人来说会带来压倒性的痛苦。化解一个人早期童年创伤的重要因素是缓慢地发掘记忆，并在"体验情绪"与"理解责任归属和准确事实"之间找到平衡。创伤专家能够帮助你创造安全和平衡，以探索你的创伤。

以下五点能够帮助你有所改变。

探索童年经历

被父母或其他养育者虐待的孩子通常会深感困惑，他们会发展出混乱型依恋。当孩子感到恐惧或紧张时，他们会本能地向父母或其他养育者求助。然而，如果父母或其他养育者就是威胁的来源，孩子就会手足无措。有的孩子会打父母或其他养育者以求自保；有的孩子会想尽一切办法回避父母或其他养育者；有的孩子会僵化，不允许自己有任何感觉。这些孩子并没有回应恐惧的系统方式。上述所有策略都是同等有效的保护形式。反击并不意味着比麻木僵化或什么都不做更有力量、更有自信。孩子的反应可能与自身体制及他们眼中最有效的保护措施有关。如果在孩子看来，养育者明显更为强壮，自己无法逃离被虐待的环境，那么孩子就会僵住，以从正发生的事情中幸存下来。如果孩子知道如何回避施虐者或者逃跑，他们就会做。如果孩子相信自己能够反击，能够以此来击退施虐者，他们会采取行动。

大多数孩子并不只具备一种保护策略，他们会根据虐待的性质以及当时的环境采取不同的策略或战术。

我的一位女性来访者儿时曾被父亲性虐待。她的父亲是社区里备受尊敬的专业人士。她是一个害羞顺从的孩子，在家人看来，她安静又可信。

最开始的时候，父亲只是抚摸她的后背，她觉得很困惑，她一直认为男人不会触碰女人。母亲知道父亲的这种行为，然而似乎默许了，至少没有阻止父亲。接着，抚摸变得越来越有性暗示，父亲开始触摸她的胸部，她感到害怕，也更加困惑了。她的最初反应是竭力回避父亲，但父亲从不放弃找她，找到她后强迫她忍受抚摸。她感到越来越无助，也逐渐发现自己感受不到自己的身体了。不过，她没有放弃用锁门的方式保护自己。后来，父亲甚至在她独自一人时暴露自己的身体。她吓坏了，直接晕了过去——她的身体在保护她免受父亲的可怕进攻。父亲被这突如其来的晕倒吓坏了，停止了对她的性虐待。

父亲转向了下一个受害者——他的小女儿。但是，这个女孩勇敢无畏又直率，又被姐姐教导过如果父亲对她做了让她不舒服的、不适宜的行为，就大胆地说出来。她告诉姐姐父亲摸了她的胸部。最终，这个男人所做的行为被告知了儿童福利机构，他被强行带离了家。

我的来访者用尽了所有方法来避免父亲的虐待，但她始终没有足够的能力反抗父亲，也没能告诉母亲。父亲在这个家，甚至在整个社区都是很有权威的人。这位来访者感到很无助，她自觉无法告诉任何人关于这个"完美男人"的所作所为。甚至在他的行为被戳穿后，她仍觉得有必要保护父亲免受社区的谴责。

被虐待或被忽视的孩子通常会认为，发生的一切都是因为自己做了什么。他们也可能认为，性虐待使他们与父亲或其他养育者的关系是特别的。有时，虐待者，比如父亲，会威胁孩子：如果将此事告诉其他人，他们的家就毁了，或者自己会进监狱，或者孩子会被送走。

如果你小时候经历过虐待，那么曾经缺乏保护的经历可能就会导致你成年后仍认为这个世界是不安全的，即便不是危险重重，也会像成年人一样令你不安。你将很难信任他人，有很多跟他人保持距离的策略。在亲密关系中，你可能是受害者，也可能是加害者，这些都是童年时遭遇虐待的结果。你可能会回忆起曾经遭受的虐待，或在成年后的很多经历中仍会感到过去的影响。这些回忆或感受可能被感官感受，如味觉、嗅觉、知觉、听觉激起，也有可能被看到一个很像施虐者的人，性经历，甚至伴侣或其他任何人的某种行为激起。这样的激起被称为触发，它的发生频率可高可低。

与其他类型的依恋一样，未化解型依恋的人也需要探索过去，探索童年经历，尝试回忆与父母或其他养育者的关系，感受曾经被恶劣对待的痛苦，为自己渴望、值得却丧失的爱和关怀哀悼，然后理解童年是如何影响自己的人格的——尽管这会让人很痛苦。你需要从你所有的记忆、领悟及痛苦的童年遭遇中创造你的人生故事。

与心理治疗一样，你需要放慢速度，这样就不会被过往的记忆和感受吞没。回忆过去的意义并不是让自己被过去淹没，而是站在成年人的角度以不同的方式去理解它。如果你觉得所感受到的太具有压倒性，那就先停止探索，回到当下，安抚自己，关注自身积极的一面。你可以随时停止探索，这一切都在你的内在，不会消失。经历了艰辛的过程，你就能化解儿时的创伤，发展出获得性安全感。你的童年故事充满悲伤与痛苦，但你的人生故事可以不包含自我谴责与羞耻。

记住：你的目标是通过回忆，允许那些记忆成为你童年经历的一部分。同时，你要站在成年人的角度，了解曾经的自己是多么无辜又脆弱，清楚地认识到自己不需要为任何虐待及忽视承担责任，并且在适当的时机决定如何对待曾经虐待你的养育者——如果他们尚在人世的话。现在，这个决定权握在你的手中。

无条件地相信自己不应受到任何责备

成年人应对虐待、忽视儿童承担全部责任。儿童是受害者，也不是施虐者的同谋，不应承担任何责任。这是事实，即便出现以下情形：

1. 当父母对你施以性虐待时，你的身体感受到愉悦。
2. 你没有阻止父母的行为，也没有告诉任何人发生了什么。
3. 在遭受身体或性虐待之前，你有过不当行为。
4. 遭受虐待之前，你忘记做家务或忽视了自己的某些责任。
5. 在虐待和忽视发生之前，你可能在学校或社区表现不佳。

6. 他人让你相信你不够漂亮、不够聪明、不够优秀。

7. 你将发生的事告诉了没有虐待你的父母或其他成年人，但他们并不相信你说的。

8. 相比兄弟姐妹，你感受到自己成了特殊的一个，被给予礼物和特权。

无论你的家庭、寄养家庭或机构对你进行了怎样的虐待，你都要告诉自己：我不需要受到任何责备，施虐的成年人是不负责任的养育者。不论是在法律层面，还是在社会道德标准层面，他们都要为自己的行为承担全部责任。即使养育者并不具备育儿的本能，无法爱孩子、保护孩子，他们也有义务照顾孩子。记住，你是受害者。

理解创伤、丧失的含义及影响

创伤是一个事件，或一系列事件，通常包含人们无法控制的可怕经历，让人感到无助、脆弱和不安全。当这种经历成为儿童生活的常规组成部分，儿童就会认为这个世界是不安全的，所有成年人都有潜在的危险。那些不尊重权威成年人的儿童和青少年很可能在童年时遭遇过虐待，他们不信任这些权威人士。他们成年后仍会感觉对自己的个人生活缺乏控制，不信任其他成年人，并预设会被恶劣对待。他们通常缺乏应对生活挑战的内在力量。

对于依恋类型是未化解型依恋的成人来说，创伤对他们的成年生活也造成了很多影响，其中的一些影响如下：

1. 在成人关系中仍旧有无力感。

2. 可能会尝试用操纵和攻击来获取力量。

3. 仍旧表现得像个受害者，并会选择控制欲强、有攻击性的伴侣。

4. 在性方面具有主动性，一方面是因为将自己物化为性对象，另一方面是会从亲密关系中获得一定的掌控权。

5. 仍旧因为童年遭受的虐待而责怪自己。

6. 认为自己的身体已经受损，并对自己的身体持有非常负面的印象。

7. 可能有深深的羞耻感和无价值感。

8. 不信任自己的伴侣。

9. 可能会体验侵入性思维[①]、童年经历闪回[②]，可能患有睡眠障碍和饮食紊乱。

10. 感觉内心毫无秩序，不明白为何觉得自己毫无价值，也无法控制情绪。

在了解自身依恋类型的过程中，你会发现，创伤带给你的最大影响是你感觉不到自主型依恋带来的最基本的信任感，你在亲密关系中持续着受害、施虐的关系模式，你可能会成为受

[①] 指突然出现在意识层面的想法、画面或冲动，内容往往是负面的。（译者注）
[②] 创伤重现的一种方式，患者仿佛完全身临创伤性事件发生时的情景，重新表现出事件发生时所伴发的各种情感。（译者注）

害者或施虐者，或两者兼备。

了解自己在亲密关系和各种情况中的触发点

桑德拉是一位已婚已育的女士，她清楚地知道，自己童年时寄住在她家的人对她实施了性虐待。她试图忘掉这件事，开始过正常的生活。在生活的很多领域，她都收获了成功，但是她很容易被丈夫激怒。当她生气的时候，她会丧失理智，肆意谩骂丈夫，有时甚至会朝他扔东西，更危险的是，有时她会在怒火中烧时独自驾车离开。她并不想处理曾经遭遇的虐待，因为她担心这会对她的个人生活及事业带来不利影响。

有一天，她来我这里接受治疗，整个人情绪异常激动，甚至无法说话。在几次深呼吸练习和回到当下技巧练习之后，她能够正常讲述发生的事情了。当时她正在洗澡，当用肥皂清洗腋下的时候，她突感焦虑发作，回想起童年时施虐者进入她的房间的画面。

我了解到，那个人时常选择在她的腋下、膝盖后侧或弯曲的肘部射精。我提醒她，当她遭受虐待之后，身体的这些部位肯定感到过黏腻的类似肥皂泡的感受，这就解释了她在洗澡时体验到的一切。桑德拉突然感觉醍醐灌顶，这样的觉知有效地帮助了她预防类似的触发。

她意识到丈夫的一些行为也会触发她，会引爆她的愤怒，让她想逃离。丈夫对她身体或外表的任何夸赞都是桑德拉的触发点。因为她感觉自己的身体唤起了施虐者的兴趣，而且她的身体早已因虐待而"损坏"，所以她无法忍受任何关于身体的评价。她和丈夫都了解这一点后，他们就可以讨论当他想称赞她时可以说什么和不可以说什么。

你需要探索能激起你强烈情绪的伴侣的所有行为和回答，而且你知道自己的情绪与情境或谈话并不相符。你也需要留意身边环境中让你忆起过往或有强烈反应的刺激因素。把这些都列出来，这样你就可以意识到它们，并告诉自己这样的行为、事件、情况或感知再也不会伤害你了。它们只是让你想起了小时候的无助，而现在，你是一个成年人，无论是内在还是外在，都拥有更多的支柱和力量。

让自己回到当下

与痴迷型依恋的人一样，你需要学会调节情绪的技巧，除此之外，你还需要学习如何在被触发后，让自己回到当下。

学习瑜伽中的呼吸技巧。当你感到自己过于焦虑、愤怒、悲伤或恐惧时，运用此技巧。情绪过于强烈时，关注呼吸对你来说可能有些困难，但是要坚持练习。你也可以参加瑜伽课或尝试其他能教你放松的练习。不要轻言放弃，即使你要花一定的时间才能让思绪和感受不那么激烈，才能因关注呼吸而感到平静。

如果被触发时你是孤身一人，你需要关注环境中让你感到亲切、平和的事物。有时候我会引导来访者将注意力集中于坐在椅子的感觉上：感受双脚踏在地板上，臀部紧挨椅子，双手放在大腿上或倚在扶手上。也可以关注墙上的画，描述自己看到的。你所做的一切都是为了让自己回到当下，这样过往不好的记忆就不会将你吞没，也不会把你拉回到那段黑暗的时光。回到当下，找到适合你的回到当下的方式。

如果你的伴侣很支持你，当他所说的话或所做的事触发了你，继续跟他在一起，告诉他你的感受，和他寻找帮助你回到当下的方法。假以时日，这对你们来说会越来越容易。要记住，让伴侣知道，你的反应是因为过往的回忆，而不是因为当前的关系，会很有帮助。如果伴侣知道他能在你痛苦的时候帮你好起来，他也会感到欣慰，有成就感。

检测当前的伴侣是否还适合你

如果你在无安全感的依恋时期选择了当前的伴侣，那么你就需要检测一下这段关系是否能在你成为拥有获得性安全感的人后，满足你的需求及愿望。你现在内化的全新关系模型将帮助你感受到自己有权利表达感受、需求和愿望。你现在有能力在亲密关系中以合理的程度满足彼此的需求。

如果你意识到自己具备的是痴迷型依恋，那么你可能选择了一个疏离型依恋的伴侣，你相信对方强大、稳定又可靠。当你的观点、态度、行为改变了，当你不再颐指气使，不再依赖心过重，也没有那么焦虑和愤怒，你的伴侣可能会积极回应，会因为你情绪平缓、苛求减少而松了一口气，会身与心都与你更亲近。你的伴侣也可能会继续保持情感上的疏离，断然拒绝你合理、适当的情感表达、需求及愿望诉求。你可能已经意识到伴侣在亲密关系上有严重的问题，你可能需要坚持夫妻治疗或让对方接受心理治疗。也许你意识到伴侣不会改变，决定结束这段关系。你的伴侣还可能会感到困惑或不信任你的改变。你需要向伴侣保证，你更加清楚地意识到了自己在你们两人问题中的责任，同时你需要理解伴侣的不信任，多给对方一些时间，看对方能否相信你真的已经改变了。你可能还需要一些时间来确定是否这段关系也会随之改变，是否能够满足你们彼此的需求。

如果你意识到自己具备的是疏离型依恋，正在努力敞开情感、表达需求和愿望，愿意在亲密关系中寻求亲密感，那么你就需要检查一下当前的关系，以确定你的伴侣是否能容忍并积极回应你表达的感受和需求。

如果你的伴侣的依恋类型是痴迷型依恋，依赖心强，苛求欲强，可能会因为你对彼此相互性的期待而感到威胁。你需要向伴侣保证，你的改变可以让你满足其更多需求，但是你也期待其同样能满足你的更多需求。如果你的伴侣无法忍受关系中的相互性，你可能需要考虑接受心理治疗或终止这段关系。

如果你的伴侣也是疏离型依恋的人，你可能需要并且想得到对方无法给予的亲密感。如果不改变当前关系的动态，你可能很容易就回到过去不健康的、回避亲密的状态中，再度压抑你刚刚意识到的对亲密感的渴望。这样你可能需要考虑这个人对你来说是否是正确的选择。

作为一个疏离型依恋的人，如果你成了一个照顾他人的人，选了一个你想要拯救、保护的未化解型依恋的人，或身心存在障碍的人，你就需要检测并讨论该如何维持这段关系，同时保证自己的情感需求得到满足。出于内疚感或责任心，你也许无法终止这段关系。那么你需要考虑发展亲密的友情关系来满足自身的需求。注意，我指的不是拥有性伴侣，而是拥有一个亲密无间的朋友。这对于男人来说并不容易，但有个可以分享你的感受和担忧的人是很重要的。

如果你认为你具备的是未化解型依恋，有创伤史，但是已经通过心理治疗或自我疗愈化解了创伤的议题，你也需要检查当前的关系。

如果你在觉得自己需要为虐待负责任的时候选择了现在的伴侣，那么你可能选择了一个会虐待你的人。你可能有各种理由为虐待行为开脱，或者相信自己就该被恶劣对待。然而你从创伤疗愈的过程中获得的全新意识可能会让你离开这样的伴侣。

尽管这很艰难，但这反映了一个全新的信念：你值得拥有一个平等的、友好的、尊重你的伴侣。

你的伴侣可能忍受了太久你在自我疗愈过程中的高低起伏，现在已经受够了，想要离开。你感到被遗弃，感到绝望。如果是这样，你要试着安抚伴侣，告诉他你的情绪波动是疗愈过程的一部分，最终会稳定下来。这也许是向心理治疗师咨询的好时机，心理治疗师可以帮助你的伴侣理解创伤的影响，以及疗愈的过程。

然而，如果你的伴侣去意已决，而你的创伤疗愈之路快要走到终点，此时如果你已经具备了更多的安全感，相信你能处理好这次分离。让自己安下心来，你自己一个人也没问题，最终你会找到一个健康的伴侣，拥有一段匹配你健康的自我认知的亲密关系。

第八章

改变消极反应，
学会良好互动

我们可以以不同于过往的方式理解、应对关系中的冲突，
并因此感受到与伴侣之间的爱、情感和满足。

这一章涉及几个关于我们如何在成人关系中表现、反应的重要概念。它们从我们小时候被养育的方式中发展而来，在我们成年后依旧深深影响着我们。我会将这些概念视作童年的规范流程，讨论它们是如何在我们的成长过程中变得有害的。我还会提供一些练习和干预措施，以改变它们给我们成人自我和成人关系带来的负面影响。

良好的互动：有责备也有修复

孩子不可避免地会被责备，要为自身的不当行为承担后果。孩子需要了解各种期待、规则和常规惯例，以形成自己的系统，培养道德感，在家庭环境中感受到安全。规则和期待可以帮助孩子从错误的经验中学习怎样才是正确的，帮助他们适应社会环境，并在学校、课外活动和工作中取得成功。然而，在规则的实行和承担后果的过程中，孩子接收到的应该是同理心和坚定，而不是独裁式的惩罚。孩子不应该害怕自己的养育者，他们应该尊重养育者，跟他们在一起的时候应感受到安全。

作为父母，当我们责备孩子时，可能会感到与孩子的爱的连接中断了。这是正常的。当我们因为孩子的不当行为愤怒不已，或者觉得孩子反抗我们时，我们可能不会感受到爱，也不想跟他们玩耍。如果孩子对我们生气，自然也不会从我们身上感受到温暖的感觉。

在责备、承担后果、爱的中断的过程中，最重要的就是修复和重新连接。安全型父母能够做到在斥责孩子时感到愤怒，然后很快放下愤怒，用爱和关心重新与孩子连接。孩子如果体验到责备和修复的动态过程，就会认识到自己之所以被惩罚，都是因为自身的行为，而不是自己是个坏小孩。如果孩子没有体验到修复和重建连接的过程，他们就会觉得自己是坏孩子，就会一直带着这种核心羞耻感。

在福利院长大的孩子很少体验惩罚后的修复过程。如果他们是具有挑战性的孩子，他们可能会被一个工作人员责备完后，又被下一个轮班的工作人员以同样的方式责备，而这些成年人也不会再有时间解决问题，没办法让孩子感觉到自己仍旧是被爱、被重视的。在这种境况下长大的孩子常常觉得自己很差劲、没有价值，不相信成年人是充满爱的或是善于谅解的。

在醉酒或暴怒状态下虐待或惩罚孩子的父母，很少能让孩子体验修复的过程。暴虐的父母可能永远无法从愤怒中恢复过来，甚至可能在酒醒后忘记了虐待的事情。拥有这样父母的孩子会始终害怕父母，也可能会自我指责。他们从未体验过从愤怒（或中断连接）到爱（或重新连接）的过程。

如果你的父母是否对你生气取决于他们的心情，而不是你的行为，那么你可能会感觉自己是个坏孩子，不信任父母会重建连接并向你表达爱和亲密。对于这样的父母，他们甚至连是否重建连接都取决于自己的情绪，而非孩子做了什么。

如果你的父母因为你的表现不够好就生气斥责你，那么你只有在提升表现后才能感受到爱和连接。你会认为父母只有在你表现绝佳的时候才爱你、为你骄傲，同时你会一直为自己不够好而感到羞耻。你会一直处于焦虑状态，担心会让父母愤怒，无法让他们平静，无法重新获得他们的爱。然而，没有一个孩子可以永远保持第一。

童年时被斥责的经历为什么对成年的你如此重要？让我们打个比方：你的某种行为让父母或其他养育者无法接受，他们因此生气，要求你承担自己行为的后果，但是很快，他们就能跟你谈论你的行为，你看得出来他们回到了爱和平静的状态。这样的话，成年后的你就能忍耐对伴侣的愤怒，以及你们之间的冲突，你知道很快你就会重新体验爱与平静。你知道冲突不过是针对某个特定问题或行为的，跟你这个人没有关系，愤怒和冲突不会威胁到你们的关系。所以当你们吵架了，你不会觉得这意味着你们的关系就此结束。你很信任自己能够解决问题，能够控制愤怒，能够重获你们之间的爱和感情。

然而，如果你所经历的是父母或其他养育者不但对你发火，还会惩罚你，之后又不会解决问题，不会回到平静的充满爱的状态，你就会觉得你与伴侣或任何亲密朋友之间的冲突事件都会威胁到你们的关系。发生冲突的时候，你可能会变得没有安全感、自责、内心混乱、害怕你们的关系就此终结。你可能会不顾一切地与伴侣重修旧好，苛求他们承诺仍旧爱你；或者可能觉得需要自保，开始与对方保持距离。对你来说，主动修复关系非常困难，同时也很难信任他人是出于真诚而主动向你求和。

所以，思考一下亲密关系中的冲突对你来说意味着什么，并在回顾童年经历的过程中尝试理解你对冲突的理解及反应。想要改变可怕的消极反应，就需要理解冲突、中断连接、重新连接的概念。

你必须说服自己：在一段关系中，愤怒和冲突是正常的，它们不一定会破坏一段关系。冲突通常源自对一个问题的分歧，对某人所做某事的批评，你的伴侣没有理解你的某种感受或没有满足你的某个需求，或来自家庭其他成员的不当介入。你如果将关注点放在问题、分歧、你的感受和需求，或者家庭成员的不当介入上，就会出现两种结果：要么是解决这个问题，要么是彼此不带任何怨恨和指责地求同存异。最重要的是，因冲突而导致的愤怒和失去连接的感觉会慢慢消散，你会再度感受到与伴侣之间的爱、情感和满足。

以下是需要你反复练习的步骤。

1. 在和伴侣或亲密朋友争吵之后，你感觉很糟糕，你害怕这段关系就此结束。这个时候给自己一点时间。

2. 想想自己的童年，回忆一下父母或其他养育者对你生气时，会发生什么。

3. 父母或其他养育者对你生气或惩罚你之后，有没有主动与你和解？他们是否一直生气，不和你谈论发生的事情，空留你一个人难过？

4. 要意识到，你的童年经历让你认为，当前关系中的冲突会给你的亲密关系画上句号。要意识到，这对现在的你来说并不一定是事实。

5. 回到伴侣或好朋友身边，和他聊聊导致冲突的问题。承担你的那部分责任，承认错误，尝试与他重新连接。

6. 如果对方还没有准备好和好，给他一点时间，告诉他你对此很理解，同时你期待他可以在短时间内接受你的示好。没有必要因此愤怒或认为对方在针对你，每个人修复关系的节奏都不一样。

7. 如果你的伴侣无法迈出第一步，你便尝试再度主动沟通。你可以成为那个为修复关系付出更多努力的人。

化解羞耻感

当父母与孩子之间出现裂痕或中断连接的状态时间太长，关系又没有得到修复时，孩子会产生羞耻感。如果父母愤怒失控，对孩子进行语言或身体虐待，孩子就会产生严重的失去连接的感觉，安全感和幸福程度也会遭受毁灭性的打击。父母这样的行为会让孩子感到恐惧、孤独、被拒绝。孩子会感到深深的羞耻感，包含孩子觉得自己是一个极度有缺陷的人，觉得有问题的不是行为，而是自己。如果这种未得到修复的、有害的破裂关系成为亲子关系的常态，孩子就会内化羞耻感或缺陷感。这样的感觉会带来深入灵魂的痛苦，孩子会竭尽所能地进行回避。最后，羞耻感变成了孩子根深蒂固的信仰，而抵抗这种感觉成了孩子自动的反应。

我在工作中帮助被收养的孩子时，看到了因羞耻感而产生的各种行为和态度。这些孩子会因为自己的错误行为责怪别人，否认自己做错事，公然撒谎，咄咄逼人。这些防御只会让其他人更加愤怒，也让他们更为孤独，更被拒绝。对于父母或其他成年人而言，理解藏在这些谎言、否认和指责之下的是一个感觉自己糟糕透顶的孩子很难。

还记得格雷戈里吗，那个生活在福利院，后来被收养的男孩？他有着深深的羞耻感，很难为自己的错误行为承担责任。

读懂依恋：拥抱更好的亲密关系

承认自己做错事会让他感觉糟糕透顶，所以他会否认，甚至对养父发脾气。我记得有一次在治疗中，养父说他偷了20加元现金，又在上学时将钱掉在了人行道上。其实格雷戈里是故意丢钱的，因为偷钱让他感觉糟透了。他以为我会训斥他，甚至听不到我称赞他并没有将现金据为己有。他的羞耻感让他听不到任何积极的反馈，我不得不一遍又一遍地重复我的赞美，直到他能够接受自己已经修复了所犯下的错这一事实。

持续感受到羞耻、保持防御状态的孩子在成年后，会很容易在不知不觉中被触发，重回羞耻状态。丹尼尔·西格尔说："如果在童年时期反复经历未经修复的有害的破裂情感，羞耻感就会在精神生活中扮演重要角色，甚至影响我们的潜意识。感受的突然改变，与他人交流方式的突然转变，都可能表明对羞耻感的防御被激活了。让我们感到脆弱无力的感觉可能会触发头脑中为了自我保护而建立的防御机制，这种机制在我们还是孩子的时候保护我们免于体验痛苦的羞耻状态。"

成人内心的羞耻感很容易被伴侣关系的裂痕激活。即使是最温和的负面言论也有可能触发防御性的愤怒。羞耻一旦被激活，这个人就很难控制自己的情绪，并且意识不到自己的反应其实是基于扭曲的认知。一个人一旦感受到羞耻感和被羞辱，那么即便有人善意地安慰他，也无济于事。

桑德拉在年幼时遭遇了性虐待，她从未将此事告诉父母或其他成年人。她内化了一个信念：这都是自己的错，她的身体已经被损坏了。她曾因患病而需要接受外科手术，这使她更坚定地认为自己的身体有缺陷。成年之后她对自己身体的态度阴晴不定，时而欣赏，时而厌恶。她会根据自己的状态改变着装风格：当羞耻感蔓延时，身着宽松的衣服；对身体有安全感时，就穿更合身的衣服。她嫁了一个很爱她，被她吸引的男人。他知道她经历过虐待，却不理解这给她带来的影响。

　　当桑德拉处于羞耻和贬低身体的状态时，她无法忍受他人的赞美。她会告诉丈夫，她觉得自己看起来很糟糕，而丈夫总是试图安慰她，告诉她其实她非常美丽，还会鼓励她多买、多穿一些更出众的衣服。丈夫的赞美只会让桑德拉更加怒火中烧，这又让她的丈夫无比困惑、无助。在心理治疗中，她开始理解自己对于身体的扭曲视角，她告诉丈夫她需要的是同理心，她希望丈夫不要试图改变她对自己身体的看法。她的丈夫终于明白了他唯一能做的，就是对她说："我明白了你当时有多憎恨自己的身体，有什么我可以做的吗？"

　　如果你觉得你的童年经历给你留下了根深蒂固的羞耻感，可以尝试一些干预措施。这些干预措施可以帮助你治愈羞耻感，同时培养自我价值感，让你慢慢相信自己是值得被爱，被尊重，被欣赏的。

以下是需要你进行实践的干预措施。

1. 摆脱羞耻感的第一步是要明白，你深深相信的观念——我是有缺陷的、糟糕的人——是错误的。你之所以相信这一点，是因为你童年的负面经历——那些情感裂痕、责备、批评、惩罚和（或）虐待。这些负面经历出现后，父母或其他养育者没有帮你解决问题，也没有与你重新连接。你不是一个坏孩子，也不是一个糟糕的成年人。如果没有这样的自我认知，不能诚实地看待自己，改变是不会发生的。

2. 意识到触发你羞耻感的诱因。羞耻感可能来自伴侣或任何你重视的人的批评，有可能是你的伴侣因正当理由或需要独立空间而必须离开一段时间，你感到被抛弃，或者在工作、表现、活动以及某些情况中感觉自己不够完美。

3. 对你来说，最大的挑战就是不要马上使用过去的防御措施，跟羞耻感同在。为了做到这一点，你可能需要让自己远离触发诱因，或者单纯地花点时间跟令人痛苦的感受共处一段时间。

4. 如果你使用了过去的防御措施来压抑羞耻感，比如发火，否认自己犯错，指责其他人等，要理解自己，可能在当时感受羞耻实在太难。但是在平静下来后，你要跟被你用防御措施推开的人聊聊天，向对方解释你对所发生事情的理解，必要的话，记得道歉，承担你的责任。

5. 只有在非常具有信任感的关系中，与一个能理解你认为自己是一个有严重缺陷的人在一起，你才能疗愈自己的羞耻感。如果你在亲密关系中感到伴侣非常理解你，对方也值得信任，那么就与对方分享你当前的现实。如果你在亲密关系中感到伴侣让你更加觉得自己是个糟糕的人，那么你就需要检查一下这段关系是否真能为你的疗愈带来益处。

6. 如果你的亲密关系让你觉得自己很糟糕，我建议你寻求专业帮助，探索现在的感觉，以确定你是否应该离开对方，或者对方是否愿意改变。想要改变根深蒂固的羞耻感，极为重要的干预措施就是善待自己，停止自我评判，不再苛求完美，不要逃避不好的感觉。你要成为自己最好的父母，给自己安慰、支持、养育和现实的赞美。

第九章

调整内在自我，
养育有安全感的孩子

即使还未发展出自主型依恋，建立获得性安全感，我们
也可以通过调整内在自我，养育出有安全感的孩子。

我们之所以要努力建立获得性安全感，也许最重要的原因之一就是孩子。有非常明确的证据表明，孩子会因为我们的养育方式而继承我们的成人依恋类型。这意味着我们没有意识到的或没有解决的童年议题会影响我们与孩子的互动方式及回应模式。在毫无意识的情况下，我们的无安全感的依恋会在孩子身上出现。

　　我的母亲经历了被虐待、被忽视的童年，那时她不仅生活贫穷，还要忍受父亲恶劣的对待。尽管她的母亲内心有爱，但在饱受贫穷和虐待之后，也没有多少爱可以提供给孩子们了。我的母亲逐渐相信她必须照顾好自己，不能信任任何人，尤其不能信任男人，感情用事或表达脆弱都是危险的行为。她是如何把这些传给我的呢？既有直接的方式，也有无意识的方式。她非常想要孩子，尤其想生一个女儿。她不是一个温柔的女人，也不是一个有爱的母亲，在我情绪低落时，她不会给我任何安慰或温暖。我长大一点后，她会直接告诉我不要请求他人给予帮助，不然就会过于依赖他人或欠别人人情。她把自己对关系的信念传给了我，而她本身不具备情感陪伴的能力。然而她非常希望我可以和一个男人一起快乐地生活，因为这是她没有体验过的，但是她无法理解为什么我很难做到这一点。因为她的养育方式，我发展出了疏离型依恋。我还年轻的时候，她和我都不理解为什么会这样。

　　一个我多年前治疗的家庭也反映了父母根据自身的成人依恋类型养育孩子，但那时我还不理解成人依恋，也没有关注这一部分。这个家庭的孩子是在 4 岁时被这个家庭收养的，他因为婴儿时期遭到忽视而受到创伤，又从一个充满关爱的寄养家庭被带到现在的家庭中。他的养父母并不是温暖、慈爱的人，他们也认可这一点。他们熟知被忽视和被拒绝给孩子带来的影响，也在理论层面知道自己的儿子需要什么。他们非常努力地配合我的治疗，但是这个男孩的改变并不大。他的内心似乎有一个空洞，他试图通过偷东西、维持肤浅的关系和黏着养父母来填满它。他无法在学习、家庭作业和家务上集中精力，也无法与同龄人建立健康的关系。于是，这对养父母就更关心他在学校的表现和难相处的行为，而不是他被剥夺的情感，以及他对于滋养和爱的需求。

这对养父母对事情的发展逐渐感到愤怒，他们开始拒绝这个男孩，尽管他们非常理解他有着可怕的过去。这对养父母在童年时都是听话的好孩子，他们也在各自的领域成了成功人士。他们非常不习惯力不从心的感觉。相比敞开心扉倾诉脆弱的感受，养父选择更加努力地工作，也因此更加缺席对男孩的教育；养母则开始阅读更多关于如何教养有问题的被收养儿童的书。我始终找不到方式让他们感受情绪，帮助他们更好地共情男孩的悲伤与痛苦。他们和我都没有意识到这个男孩对亲密感的潜在恐惧。

现在我理解了，这对养父母的依恋类型都是疏离型依恋，他们很难表达自己的需求和情感，总是关注成就与成功。我希望当时可以帮助他们看到这一点，这样他们就能明白之所以无法与孩子连接，是因为他们自身的情感限制。如果那时我帮助他们关注自身的成人依恋类型，他们就可以在情感层面与孩子的内心世界连接。

最近我所治疗的一个家庭中有两个被收养的男孩，早期的经历和遗传基因导致他们都是对他人来说极富挑战的孩子。养父母很尽心地养育他们，但是更关注他们的规矩和行为。养父母在治疗中意识到，孩子们需要的是同理心，而不是愤怒和权威感。养母对此很为难。她在治疗中认识到，她之所以很难理解蔑视规则、不好好学习、不好好做家务的行为，是因为她曾是个循规蹈矩的好孩子，从不违抗父母。除了听话，她还是个成绩优异的好学生，非常重视学习。所以她不懂为什么她的孩子不能这样。

有一本很棒的书——《由内而外的教养》（*Parenting from the Inside Out*），作者是丹尼尔·西格尔和玛丽·哈策尔（Mary Hartzell）。什么叫作"由内而外的教养"？我相信读这本书的很多人都上过育儿课程，或读过与育儿相关的书籍，学习过育儿方法或育儿哲学。人们可以学习并实践教养子女的方法，但真正做到却很难，因为我们的情绪和我们曾被养育的方式总会从中作梗。你如果通过学习外在的方法来养育孩子，而不处理内在的一切，那么即便下定决心要学习正确的养育方式，也会继续以你曾经被养大的方式养育你的孩子。

我记得有一次我的女儿对我说："你听起来就像外婆。"当时的我很焦虑，控制欲强，规范她的行为。这对我来说可谓是当头棒喝。如果意识不到自己在做什么，我可能会成为跟我母亲一样的母亲。这并不是说我母亲的所有教养方式都不好，或者我不应该在一定程度上借鉴她的方式，而是我在女儿面前展现出来的样子并不是我想从母亲身上效仿的部分。

我强烈为大家推荐依恋取向育儿的书籍。丹尼尔·休斯和阿瑟·贝克尔·韦德曼（Arthur Becker Weidman）是依恋取向育儿领域的专家，他们有很棒的研究和方法，每一个身为父母的人都应学习、实践。

有关育儿的部分，我想重点讨论的是：基于你的成人依恋类型，当你成为父母时，你的倾向和弱点分别是什么。

痴迷型依恋父母的特点及改变策略

如果你的成人依恋类型是痴迷型依恋，那么作为父母，你的挑战就是要始终为孩子提供陪伴，同时不期待孩子满足你的情感需求。要记得，作为痴迷型依恋的成年人，你很难信任他人，对他人无法陪伴你，不能满足你的需求高度敏感。这种敏感也会在你的育儿方式中得以体现。你也许能理解孩子来到这个世界并不是为了满足你的需求，但是在实践上，这对你来说很困难。你开始阅读本书时，也许你的孩子已经让你颇费心神了，已然学会了用不健康的方式吸引你的注意力。要记得，你的孩子学会的方式是：想要得到关注就要不断苛求，就要让自己的行为充满戏剧性。你的孩子可能会在你不关注他的时候大发雷霆，即便你是出于合理的原因无法给予关注。

如果你的孩子已经让你面对挑战，那么他的愤怒情绪和操控行为会让身为父母的你感觉力不从心，并愤怒于他让你有这样的感受。力不从心的感受可能会让你疏远孩子，忽视孩子的要求。如果你真这样做了，我敢打赌你的孩子只会苛求更多，更加执着，还会尝试各种方式，以吸引你的注意力。也许他会变得更好，更有爱，但是如果这招不奏效，他就会开始装病，就会无所不用其极地把你拉回到和他的关系中。

如果你是痴迷型依恋的父母，以下的五个问题是你在自我提升的过程中需要注意的。

1. 不要将孩子的挑战行为当作是针对你的。如果你的孩子紧张不安，不容易安定下来，很难保持平静，告诉自己这不是你的错，你的孩子可能正在经历一个艰难的阶段，也许是肠胀气，也许是母乳喂养的问题，也许只是在适应离开了温暖又安全的子宫的生活。你的孩子需要更多的时间来适应，甚至需要更长的时间发展吸吮技巧或消化功能。如果你发现自己开始生气，开始拒绝孩子，那就找一个人来帮助你，让自己休息一下。在休息时跟自己说说话，控制愤怒。尽可能在最短的时间内做到这一点。最重要的是，你要知道你能掌控自己的不安全感，你并不需要一直依赖他人。第一次为人父母是巨大的挑战，在学习成为好父母的过程中要善待自己。

2. 如果你的孩子正处于学龄期，那么你的挑战就是给予他持续的情感陪伴。我知道你的情绪可能忽上忽下，但这会影响到养育孩子。当你担忧伴侣，或者对自己的父母生气时，你可能无法感应孩子的需要和感受。你如果实在无法从坏情绪中抽离，始终痴迷于伴侣或任何让你烦恼的人，那就告诉孩子你现在心情不佳，你感到很抱歉，无法跟他一起玩耍，也无法提供高质量的陪伴。重要的是，不要让孩子觉得你心情不好是他的错。如果有必要，找一个帮手照顾一会儿孩子，给自己一点儿休息的时间，好平复情绪。

3. 你如果感到自己的愤怒过于强烈，想要打孩子或者用极端的方式惩罚他，这时候一定要远离孩子。如果你的孩子年龄足够大，那就让他待在家里的某个地方，而你去另一个房间，尽一切努力让自己冷静下来。如果你的孩子还太小，那就打电话邀请你信任的人来帮你照顾一会儿孩子，让自己休息一下。如果你能找到的人是你的养育者，而你并不完全认可他的育儿方式，即便这样，在你放松的短暂时刻，他对你的孩子而言可能是更好的陪伴对象。

4. 作为父母，你最大的挑战就是做到始终如一、体贴周到，勇于对自己的情绪和行为负责。你如果能做到，且不把自己焦虑和愤怒的责任推给孩子或任何人，那么就朝改变迈出了巨大的一步。

5. 继续练习第七章中的技巧，让你更好地控制情绪，更好地保持平静。这些练习包含呼吸技巧、冥想、离开让你心烦的环境、与足够支持你并可以让你冷静下来的人交流。

疏离型依恋父母的特点及改变策略

如果你拥有疏离型依恋，而且你也有孩子，那么作为父母，你可能会这样：你要成为完美的父母，过于理性，你还会要求孩子时刻表现最佳，举止完美。这意味着你的孩子也许无法跟你沟通、连接，无法向你表达他们的需求、愿望和感受，这很像小时候经历这些的你。你需要明白，你对孩子的期待，对孩子而言并不健康。

有些疏离型依恋的父母希望孩子永远开心，或者至少是一直保持愉悦，他们不允许孩子表达愤怒、悲伤、痛苦或恐惧等负面情绪。这些其实是每个人都具备的正常感受，它们需要被表达。我的一位来访者就是这样，他从不在身体受伤或者需要安慰的时候求助父母，他自然也不会表达更深层次的情绪，比如愤怒或悲伤。步入婚姻后，他依旧随和、礼貌、友善，但是不具备真正亲密的任何能力。后来，他的妻子认为他们的婚姻过于浮于表面，她觉得自己完全不了解丈夫，也不知道丈夫的感受是什么。最终她选择离开，她想要更多，需要的也更多。

有些疏离型依恋的父母是自恋、自私的，他们需要孩子照顾他们，需要孩子给他们挣面子。他们中有些人会要求孩子成为最好的曲棍球运动员，在学校里永远拔尖，或者在某些领域成为领头羊。这些父母还会要求孩子参与他们重视的，或者他们希望孩子擅长的活动。孩子也许对这些活动不感兴趣，甚至并不擅长，但是孩子的愿望、感受、优势并不重要。

如果你意识到你的愤怒来自孩子没有取得最好的成绩，没有拿到最好的分数，没有成为最优秀的曲棍球运动员、足球运动员、游泳运动员、芭蕾舞者、钢琴演奏者，或者没有在任何他们参与的活动中拔得头筹，那么，你需要暂时把愤怒的情绪放在一边，问问自己：这是不是都是为了我的需要和我的地位？鼓励孩子在学校或者在自己选择的领域取得更好的成绩没有任何问题，但是你的鼓励是要让孩子对自己感觉良好，而不是为了你的个人需求或社会地位。

有些疏离型依恋的父母非常有掌控欲，他们要求孩子服从、尊重自己（我并不是建议孩子不听话或者不尊重父母）。所有的孩子都会有挑战父母权威的时候，具备安全感的父母可以正常看待这个问题，并适当处理，而疏离型依恋的父母则会勃然大怒，甚至在孩子质疑规则或挑战他们的期待时虐待孩子。如果孩子挑衅或拒绝在学校及课外活动中取得好成绩，疏离型依恋的父母会暴跳如雷。这样的父母处于愤怒状态时会拒绝孩子、远离孩子，或对孩子进行身体虐待。

作为依恋类型是疏离型依恋的父母，你所面临的最大的挑战就是允许自己成为不完美的父母。你可以在某些时候觉得自己不够好，也可以需要依靠他人的帮助或建议。每个身为父母的人都应当理解，为人父母有时的确令人沮丧，会让你怀疑自己，甚至有时会对孩子的行为感到无比困惑。在为人父母的经历中，你可以是"获得成长，更了解自己"的，也可以是"对孩子感到愤怒"的。我希望你们都可以从孩子身上学习，允许自己感受你对他的和对自己的无条件的爱。

以下是帮助你养育出安全型儿童的六个指导方法，可以帮助你避免下一代也发展出疏离型依恋。

1. 允许自己有感到无能为力、无助、需要他人的时刻，允许自己害怕有时候不知道如何对待孩子。如果你可以跟这些感受待一会儿，而不是快速把它们掩藏起来，或愤怒于孩子唤起了你的这些感受，那么随着时间的推移，你就可以越来越容忍，也能从中有所收获。告诉自己：这对大多数父母来说都是司空见惯的，你也可以成为普通的正常父母，不需要一定做到完美。

2. 不要将成功作为标签贴在孩子身上，更不要将糟糕的表现作为标签贴在孩子身上。如果你的孩子在学校或课外活动中遇到困难，那么请保持好奇心，不要评判，要与孩子共情。告诉孩子你看到他遇到了困难，问问他是什么让项目或活动那么艰难，你如何做能帮到他。也许你需要找老师、教练或指导员交流一下，以便更好地了解孩子遇到的困难。只要秉持开放的意识，不批评、不攻击，你就能做到这一点。

3. 准备好接受你的孩子有和你不同的兴趣、能力和节奏。你可能喜欢曲棍球，年轻时还是优秀球员，但你的孩子可能对表演、音乐或其他你完全没兴趣的事物感兴趣。又或者，孩子的每次曲棍球训练和比赛你都得参与，但这是你最不想做的事情。为人父母意味着你要对孩子的兴趣和技能感兴趣，而不是把自己的兴趣和未实现的梦想强加给孩子。

4. 如果你的孩子让人极富挑战，不论他是你亲生的，寄养在你家的，还是你收养的，你都要做好会感到无助，甚至感到失败的准备。我曾经治疗过依恋类型是疏离型依恋的养父母，我知道他们很难接受自己收养的孩子不能在自己预期的时间内改变。被收养的孩子需要很长时间才能建立信任，他们在福利院或之前遭受虐待的家庭中形成了不少策略，这些策略曾帮助他们感到安全，以及需要得到满足，放下这些策略也需要花些时间。也许你阅读了所有的育儿手册，相信自己对孩子正在经历的挑战非常了解，但你仍然会觉得自己并没有帮到孩子，也没有改变孩子。

　　我曾治疗过一位母亲，她的孩子患有自闭症。她阅读了所有关于自闭症的书籍和文章，参加了各种会议，也聘请了最好的行为治疗师来治疗自己的孩子。她的成人依恋类型是疏离型依恋。她的母亲偶尔很好，但基本是冷漠的。她还有一个对家人要求很高，虐待家人的父亲。她很努力理解并接受儿子，但当儿子没有如她所希望的那样进步时，她就会暴跳如雷。我在探索她和她儿子的局限性时，她变得非常悲伤，哭了起来。她意识到自己从未缅怀过自己失去的一切，也意识到自己多么渴望拥有一个正常的孩子。她还意识到自己仍旧想要取悦父亲，要么通过生一个正常的孩子，要么通过养育出一个最好的自闭症儿童。当她能够接受自己因为生了一个特殊孩子而有的无力感，也接受了其实她和儿子都已经竭尽所能时，她就变得更爱儿子，更能与儿子玩耍了，同时对自己也更友善了。

5. 寻求支持和引导。你并不需要无所不能，也不需要无所不知。也许你需要咨询经历过类似挑战的父母，也许你需要咨询育儿方面的专家，或擅长解决你的孩子面临的特殊挑战的相关专业人士。

6. 疏离型依恋的父母通常在与伴侣的相处中有矛盾，他们总认为自己的想法才是最好的。如果发现当伴侣不按照你的方式教育孩子，你就会生闷气，那么再遇到这样的情况时，先把情绪放到一边，然后想想看：我的方法真的就是最好的吗？尤其是当伴侣的育儿方式更具情感，更温柔时，你会很难接受伴侣的方式，觉得伴侣会把孩子宠坏，或让孩子变得无能，不会成功。接受伴侣对孩子的看法，以及伴侣教育孩子的观点。只有当你和伴侣共同努力，找到彼此妥协的方法，或至少做到尊重彼此的不同时，你的孩子才会真正受益。

未化解型依恋父母的特点及改变策略

如果你意识到自己的依恋类型是未化解型依恋，那么育儿的过程可能会触发很多源自过去的你还未化解的感受和反应。如果想成为最好的父母，你必须努力处理好自己小时候发生的事情，不论它有多困难。未化解型依恋的父母对孩子而言是非常不可预测的，也令人害怕。作为未化解型依恋的父母，你可能会发现自己的情绪很不稳定，时好时坏，以至于自己都始料未及，或者你会因为孩子的行为而愤怒不已，但又没有任何合理原因。当你管不了孩子或者孩子因为自己的事情压力大时，你可能会突然放空。

你所有不可预测的行为会让孩子感到害怕、不安。也许孩子会试图安抚你，让你不那么生气；也许孩子会尽力避开你，只为逃避你吓人的行为和情绪；或者孩子会对你生气，这只会让情况更糟糕。无论孩子对你有怎样的反应，他在与你的关系中都感到不安全。

玛乔丽在接受了父亲曾是施虐者，而自己是受害者的事实之后，她开始探索父亲究竟经历过什么，这帮助玛乔丽理解了父亲为何有虐待行为。父亲的童年很艰难，但他的虐待行为在他从战场回来后变本加厉了。很显然，回来后的他患上了创伤后应激障碍。他的行为完全不可预测。有时候他友善地对待孩子，可转天又开始吼叫，打骂孩子；有时候他会退缩，完全不沟通；有时候他会酗酒。玛乔丽永远不知道放学回到家时会是怎样的父亲在等着她，是那个温和的父亲，还是那个要求她进卧室，然后对她进行猥亵的父亲？她的父亲从未治疗过创伤后应激障碍，在他从第二次世界大战的战场回来后的那段时期，创伤后应激障碍还没被人类发现，当然也不可能被治疗。这位父亲的孩子，包括玛乔丽，都发展出未化解型依恋。一方面因为父亲令人恐惧又困惑的行为，另一方面因为没有任何亲人保护过他们，甚至他们的母亲也无能为力。

要怎么做才能确保不把未化解型依恋传给孩子呢？请注意以下三点。

1. 勇敢担当。如果意识到自己对孩子的行为反应过度，你必须接受问题在你而不在孩子的事实。如果你因为孩子做了惹人生气的事情，或者仅仅孩子的童言无忌，你就生气了，那么在做出反应之前先从 0 数到 100。你如果知道自己对孩子的行为做出了不当回应，那么告诉孩子你当时心情不佳，然后道歉。即便是事后道歉，也能够帮助孩子停止责备自己，让他们不那么害怕你。

2. 从孩子身上认出能够触发你的行为和感受。触发因素可能是以下这些：

（1）孩子表现出正常的反叛行为，或者孩子的反叛行为表明他正面临困难。这会让你觉得失去掌控，害怕孩子的力量或感到被孩子拒绝。

（2）孩子因生活中的事情（比如同龄人的刻薄言语或排斥行为）而心烦意乱。这可能会让你想起自己的童年经历，你可能无法共情或帮助孩子。

（3）你的孩子很开心，蹦蹦跳跳，唱歌玩乐，顽皮大笑。如果正好你的心情很糟糕，你就可能会怨恨孩子的快乐，无法被孩子的快乐情绪感染，你甚至会生气，毁掉孩子玩耍的心情。

（4）你被生活中与孩子无关的事情压垮时，孩子却需要你，想和你在一起。当孩子需要你的关注时，你可能会觉得自己想要后退，需要独处，你可能会发火，忽视你的孩子，躲回房间，让你的孩子独自面对被拒绝、被忽略的感受。

（5）孩子表现出性方面的正常行为。孩子通过触摸或摩擦生殖器来进行自我安抚是很正常的。如果你在童年时遭遇过性虐待，那么这种行为可能会触发你的毫无理性的恐惧，害怕孩子遭遇了虐待或成为一个施虐者。你可能会过度反应，强硬地询问孩子是否被虐待过，或严厉地苛责他们，让他们停止这样的行为。无论是个人领域还是其他方面，用羞辱的方式引导孩子都是百害而无一利的。

（6）你在理性层面知道，你所表现出的任何强烈情绪或反应，对于孩子所做的事情来说，都过于极端。如果有这样的情况，你就要知道，这些情绪和反应其实是来自你生活中未解决的部分。

3. 对孩子来说，让他们看到你对伴侣的愤怒或不可预知的行为，是不健康的或毫无帮助的，尤其是当伴侣是孩子的生母或生父时。很多孩子都告诉过我，父母的争执是多么可怕，特别是如果父母还有暴力行为，那将令他们惊恐不已。

几年前我为一个家庭治疗，他们是被介绍到我所工作的机构的。他们眼中的"问题"是个 4 岁的小女孩——她总是在学校出现令人担忧的行为。她会在教室"放空"，课间休息的时候，她不是在四处闲逛，就是试图往家走。一开始我很好奇这个孩子是否经历过虐待。她的父母已经分开，父亲因过去的家暴行为被禁止与母亲接触。母亲向我保证孩子的父亲不会去她的家里，孩子们会在放假的时候去找父亲。很明显，这位母亲非常关心孩子，她也向我保证孩子们都得到了悉心的照料，她看起来很希望女儿能够得到应有的帮助。

家庭治疗中，母亲和三个孩子悉数到场，其中两个是女孩，分别是4岁和5岁，另外一个是两岁的男孩。当我和孩子的母亲谈论着父母的分居及孩子对此的感受时，孩子们在一旁玩着玩具。最初，孩子们纷纷否认父亲来过家里。我注意到两岁小男孩的玩具剧场中出现了一个成年男性，我便询问了他。他说这个男人就是他的父亲，在家里的二楼。之后，4岁的小女孩也告诉我，父亲总是在家里，她能听到父母争吵。她觉得只要告诉父亲"停下"，父亲就会停下。确实，父亲会听她的。这个孩子的问题是，当她上学的时候，她知道白天父亲会造访，但是她不在家就无法保护母亲。所以，每当她去学校，她都会时时挂念母亲，想要回家阻止冲突。她无法专心学习，看似"放空"，因为她每时每刻都在担心着母亲。

因为父母的冲突，以及恐惧父亲虐待母亲，这个孩子受到了精神创伤。她目睹了父母之间的冲突，目睹了父亲虐待母亲，

　　　　　　　　　　　　　读懂依恋：拥抱更好的亲密关系

她成了为了保护母亲而勇于面对父亲的孩子。她已经发展出了混乱型依恋。如果不加干预，她的混乱型依恋会发展为未化解型依恋。治疗的重点是为母亲赋能，帮助她解决童年时期被虐待的议题。我们也要求父亲遵守限制令。这个4岁的孩子终于从家庭保护神的角色中解脱出来，终于能够专心学习了。

如果意识到自己具备的是未化解型依恋，你一定要专注于理解童年时发生的一切，理解虐待、忽视、损失给你带来的影响，认识到你的触发点，并竭尽所能地确保自己不会继续做受害者，不会在孩子身上重复"虐待—忽视"的循环。你要成为一个幸存者，记住发生的一切，讲述你的故事，了解因童年经历而获得的挫折和优势，成为一个更具安全感的成年人及父母。

第七章中也曾提到过，我强烈建议你接受创伤领域专业心理治疗师的帮助，这样的心理治疗师可以引导你度过这个过程，化解童年创伤，成为更具安全感的父母，养育出有安全感的孩子。

结 语
了解依恋类型，重塑亲密关系

本书关注的是一种基于依恋理论的，理解自己、改变自己的方式。

从孩子出生起，一个重要的过程就开启了，并将影响孩子的一生。这一过程被称为"依恋"。依恋是婴儿与养育者之间建立的一种深刻而持久的连接。婴儿通过哭泣，发出类似"咕咕"的声音，微笑和移动胳膊、腿等行为向养育者传达他们的需求和情绪，如愤怒、不适、疲劳、压力或快乐。如果养育者敏锐地感受到婴儿的需要，并以持续的关怀作为回应，婴儿就会对养育者形成健康、安全的依恋。如果养育者不回应婴儿的需要，以不可预知的方式对待他们或以更糟糕的忽视，甚至伤害的方式回应他们，婴儿与养育者之间就会形成无安全感的依恋或连接。

和儿童一样，成人也需要被理解、被支持，需要在亲密关系中被滋养。然而一个成人是否能够以健康的方式实现这一点，取决于其早期的依恋经历，以及童年、青少年时期人际关系是失败还是成功的。孩童时得到养育者的关心，青春期时体验了积极正向的关系，那么成年后，他们就会继续拥有安全型关系。而那些从小未得到良好照顾，在童年、青春期发展了不良关系的人，会在成年后仍旧拥有缺乏滋养的关系。

我介绍了成人依恋的类型，分享了能帮你判断自己是哪种类型的确切描述——你如何看待自己，你在关系中的行为怎样。决定依恋类型的另两个关键因素是：你如何回忆童年，如何理解童年经历对你现在作为成年人的行为和自我认知的影响。

对很多人来说，了解自己的成人依恋类型，领会自己的特定类别，会感到豁然开朗。可能你已经意识到人际关系中存在的难题，他人（包括你的父母、朋友、伴侣）可能也告诉过你，你的态度和行为让人面临挑战。也许在阅读本书之前你接受过心理治疗，对自己多了些了解。或许你觉得心理治疗对你来说有用，或者没用，又或者介于二者之间。但不论是否有帮助，现在你获得了一个看待自己难题的新视角，我也希望，你在尝试新方法时能够抱持不评判的态度。

也许你意识到了自己是个工作狂，总是关注是否能取得成就——只要付出努力就想成为第一；也许你意识到了当他人与你走得太近，或者妻子抱怨你情感冷漠时，你就会感到焦虑；也许你希望孩子可以多跟你聊聊天，但他们一向你寻求情感支持，你就手足无措。现在你有了一种理解自己的方法，无论你是否有能力改变性格，至少你理解了自己的性格是如何形成的，更能够感恩于生命中那些错过了与你建立情感连接的人。

也许你意识到自己非常情绪化——丈夫工作太久或必须出差时自己会郁郁寡欢。虽然知道不停打电话会让丈夫心烦，但你就是控制不住自己。有时候你甚至认定丈夫就是出轨了，或者就是在撒谎，这种执迷不悟的状态让你无法专心做任何事，甚至无法专心照看孩子。也许你告诉自己不要在丈夫到家后质问他，但是在看到他的那一瞬间，你就止不住地吼叫、哭泣、攻击、苛求安慰。也许你已经很努力克制了，但是你知道自己还是会这样做。

希望对痴迷型依恋的相关描述帮助你理解——你对分离、抛弃和情感冷漠高度敏感，都源于儿时父母对你的关怀不持续、不稳定。维持情绪平衡对你来说是个挑战，是你需要努力达到的目标。希望你现在能够以一种友善的、非评判的自我尊重的视角来理解自己的依恋类别。

在从成人依恋的视角理解自己的过程中，非评判的态度非常有帮助：你之所以成为现在的样子，可能是因为童年的经历；你的父母之所以采取这样的育儿方式，也可能是因为他们的童年经历。因为你的成人依恋类型，也许你的育儿方式与父母的相差无几。然而你当前的方法可能很难养育出一个拥有安全型依恋的孩子。

现在你有机会改变自己的成人依恋类型，这样你可以更喜欢自己，获得更健康的关系，有更好的自制力，或者更具自发性，情感更充沛。这一改变也将打破"糟糕父母"的循环，让你的孩子更有安全感。

本书提供了实际的引导、干预措施，以帮助你开启改变之旅。有些干预措施具有普遍性，适用于所有依恋类型，有些则是针对特定的依恋类型的。

改变并不容易。成年后，我们在关系中表现出的亲密或疏远的模式往往根深蒂固。正如"成人依恋与大脑"那一章所展示的那样，依恋模式深深嵌在大脑的边缘系统中。通常我们对这些模式没有意识，所以才会在亲密关系中不断重复这些模式。很多人懂我的意思：她离开了他，找到了一个看起来跟他完全不同的人，但她还是跟那个人离了婚，其实那个人跟她之前的伴侣别无二致，尽管她有意识地下定决心找一个截然不同的人，但是她的"无意识自我"在掌控她。

如果可以开始有意识地觉察大脑中无意识的部分，你就可以在亲密关系中做出更健康的选择。成人大脑让我们思考自己正在做什么，理解它的起源，判断哪些模式对我们自己和我们关心的人而言是不健康的，并能够冒险去改变自己和我们的亲密关系。随着改变的发生，你将会体会到之前不曾体会过的安全感。你会更喜欢自己，会选择有助于这种美好感受的关系，也可以将安全感和正向的自尊自重传给你的孩子。

尽管这本书提供了通过依恋视角理解自己的全新方式，以及一些改变旧有模式的自助技巧，但是你可能仍旧需要考虑接受心理治疗，专业的心理治疗师可以引导你从缺乏安全感到有安全感。就像书中提到的，找到一位依恋取向的心理治疗师可能并不容易，但任何一位知道与来访者建立信任关系，检验来访者的过往是否影响着其现在的心理治疗师，都足够优秀，都能提供帮助。

我曾在依恋理论的培训中使用过《纽约客》（*The New Yorker*）杂志中的一幅有趣的漫画。漫画中有一位心理治疗师和一位来访者，写着："出生，解构童年，然后死去。"其实在解构童年和死去之间还有巨大的一部分，那就是重构。我希望重构的过程能够让你过上充实圆满的人生，收获成熟的亲密关系，感受到你是值得被爱，被尊重的，同时也将这份爱和尊重传给下一代。

致　谢

感谢所有我培训、督导过的人们，是你们鼓励我写了这本书。感谢我的来访者们，当我将依恋理论应用于治疗时，你们证实了这一理论的可信度。

感谢丹尼尔·休斯博士，是你让我踏上探索依恋理论的旅程，还指导我将依恋理论应用于在依恋问题中挣扎的所有儿童身上和家庭中。感谢位于安大略省科堡的心理治疗师团队，你们营造的环境让我们可以分享在个案中遇到的困难，学习如何更有效地使用依恋取向的治疗。

感谢我的朋友希瑟·奇斯文（Heather Chisvin），感谢你在我写作过程中对我的支持和指导。希瑟也出版了自己的书，你理解我的沮丧和恐惧，鼓励我笔耕不辍，直到我的书顺利出版。

感谢我的朋友兼同事哈丽雅特·塔希斯（Harriet Tarshis）。感谢你花时间阅读并编辑了本书，你对细节的关注和正确语法的使用，是给本书的天赐馈赠。

感谢所有研究人员及临床医生，感谢你们提供了丰富的知识和经验，让我可以从中汲取我需要的，并应用于本书的撰写。我要特别感谢玛丽·梅因博士，是你的著作在多年前将我引入了依恋理论的成人应用领域。同时我要感谢丹尼尔·西格尔博士，是你的研讨会、著作和视频资料提供了大量关于依恋理论和大脑的研究。西格尔博士将成人依恋访谈视作重要的临床工具，正是这一应用启发我将其应用在我的工作中。

感谢戴维·佩德森博士（Dr. David Pederson）及其团队为成人依恋访谈所做的培训。他的深度研讨会非常有启发性，并确认了从依恋角度理解来访者的重要价值。

永远感谢我的丈夫尤里·艾格若（Uri Igra），感谢你理解我专注于写作的需要，也感谢你对于我们有过破裂但得到修复的关系的承诺。你教会了我爱、滋养和承诺。感谢我的女儿，戴维拉·艾格若（Devra Igra）。你是上天赐予我的礼物，让我理解了依恋的真实含义，理解了无条件的爱。还要感谢我的继子诺姆（Noam）。你让我理解了在没有血缘关系的情况下，一个人要如何去爱，如何与他人亲近。

我的丈夫和女儿现在也都成了小有成就的心理治疗师。

安妮特·库辛

读懂依恋：拥抱更好的亲密关系

参考文献

Arden, John. *Rewire Your Brain* [M]. New Jersey John Wiley and Sons, 2010.

Atkinson, Leslie & Zucher, Kenneth J. *Attachment and Psychopathology* [M]. New York, NY: Guilford Press, 1997.

Becker-Weidman, Arthur. *Creating Capacity for Attachment* [M]. New York, Buffalo: Centre for Family Development, 2008.

Bennett, Susanne, Nelson, Judith Kay. *Adult Attachment in Clinical Social Work* [M]. New York: Springer, 2011.

Bowlby, John. *A Secure Base* [M]. New York, NY: Basic Books, 1988.

Brown, Daniel, P. & Elliot, David. *Attachment Disturbances in Adults* [M]. New York: W.W. Norton & Company, 2016.

Busch, Karl Heinz. *Treating Attachment Disorders* [M]. New York: Guilford Press, 2002.

Cassidy, J. & Shaver, P.R. ed. *Handbook of Attachment* [M]. New

York: Guilford Press, 1999.

Cassidy, J. & Shaver, P.R, ed. *Handbook of Attachment* [M]. 3rd ed. New York: Guilford Press, 2018.

Couttender, P. M. & Ainsworth. "Child Maltreatment & Attachment Theory", in *Child Maltreatment* [M]. Cicchetti, Dante & Carlson, Vicki. New York, NY: Cambridge University Press, 1989.

Cozolino, Louis. *The Neuroscience of Human Relationships* [M]. New York: W.W. Norton & Co., 2006.

Daniel, Sarah. *Adult Attachment Patterns in a Treatment Context* [M]. New York: Routledge, 2015.

Doidge, Norman. *The Brain that Changes Itself* [M]. New York: Penguin Books, 2007.

Edelstein, Robin, Alexander, Kristen Weede, Shaver, Phillip, Schaaf, Jeenifer, Quas, Jodi, Lovas, Gretchen & Foodman, Fail. "Adult Attachment Style and parental responsiveness during a stressful event" [J]. *Attachment & Human Development,* Volume 6, Issue 1, March 2004, pg. 21.

Firestone, Lisa. "How Your Attachment Style Impacts Your Relationship" [J/OL]. *Psychology Today*, July 30, 2013.

Heller, Diane Poole, Levine, Peter. *The Power of Attachment: How to Create Deep and Lasting Relationships* [M]. 2019.

Hesse, Erik. "The Adult Attachment Interview, Historical & Current Perspectives", in Cassidy & Shaver, *Handbook of Attachment* [M]. New

York: Guilford Press, 1999, p. 395-433.

Holmes, Jeremy. "Disorganized Attachment and Borderline Personality Disorder" [J]. *Attachment and Human Development*, Volume 6, no. 2, June 2004.

Hughes, Daniel. *Attachment-focused Parenting* [M]. New York: W.W. Norton & Co., 2009.

Hughes, Daniel. *Attachment Focused Family Therapy* [M]. New York: W.W. Norton & Co., 2007.

Johnson, S. & Whiffen, V.. *Attachment Processes in Couple and Family Therapy* [M]. New York: Guilford Press, 2006.

Johnson, Sue, Dr.. *Hold Me Tight* [M]. New York: Little, Brown & Co., 2008.

Kaitz, Marsha, Bar-Haim, Yair, Lehrer and Ephraim Grossman. "Adult attachment style and interpersonal distance" [J]. *Attachment and Human Development*, Volume 6, No. 3, Sept 2004, pg. 285-304.

Kerns, Kathryn & Richardson, Rhonda. *Attachment in Middle Childhood* [M]. New York: Guilford Press, 2005.

Koren-Karie & Oppenheim, David (Ed.). "Parental Insightfulness: Its role in fostering children's healthy development" [J]. *Attachment and Human Development*, Vol. 20, No. 3, June 2018.

Levine, Amir & Heller Rachel S.F.. *Attached* [M]. New York: Penguin Group, 2011.

Levy, Kenneth, & Johnson, Benjamin. "Attachment and Psychotherapy: Implications from Empirical Research" [OL]. *Canadian Psychology*, 2018, Advance online publication.

Main, M, Kaplan, N, Cassidy, J.. "Security in Infancy, Childhood & Adulthood, A Move to the Level of Representation" [J]. Bretherton & Waters, E. Eds. *Growing Points in /Attachment Theory and Research Monogram of Society for Research, Child Development* 5.0 (1-2) pg. 66-104, 1987.

Milkulincer, Mario & Shaver, Phillip R. *Attachment in Adulthood* [M]. New York: Guilford Press, 2016.

Muller, Robert. *Trauma and the Avoidant Client* [M]. New York: W.W. Norton & Co., 2010.

Obegi, Joseph and Berant, Ety. *Attachment Theory and Research in Clinical Work with Adults* [M]. New York: Guilford Press, 2009.

O'Sullivan, Patrick. "Breaking Away, A Harrowing True Story of Resilience, Courage and Triumph" [J]. *Canada Press*, Oct. 19, 2013.

Phillip R. Shaver & Mario Mikulencer. "Dialogue on Adult Attachment: Diversity and Integration" [J]. *Attachment and Human Development*, 2002, 4: 133-161.

Sable, Pat. *Attachment and Adult Psychotherapy* [M]. New Jersey: Jason Aronson Inc., 2000.

Saltman, Bethany. "Can Attachment Theory Explain All our

Relationships" [OL]. nymag.com/thecut.

Schore, Judith, & Schore Allan, N.. "Modern Attachment Theory: The Central Role of Affect Regulation in Development and Treatment" [J]. *Clinical Social Work Journal*, 2008, 36: 9- 20.

Siegel, Daniel. *Mindsight* [M]. New York: Bantam Books, 2010.

Siegel, Daniel & Hartzell, Mary. *Parenting from the Inside Out* [M]. New York: Penguin Books, 2003.

Siegel, Daniel. *The Mindful Brain* [M]. New York: W.W. Norton and Co., 2007.

Siegel, Daniel, *The Whole-Brain Child* [M]. New York: Delacorte Press, 2011.

Simpson, Jeffery & Rhodes, W. Steven. *Attachment Theory and Close Relationships* [M]. New York: Guilford Press, 1998.

Sroufe, Alan. "Attachment and Development: A prospective, longitudinal study from birth to adulthood" [J]. *Attachment and Human Development*, December 2005, 7 (4), 349- 367.

Sroufe, Alan & Siegel, Daniel. "The Verdict is in: The case for attachment Theory" [OL]. drdansiegel.com/uploads/ 1271.

Stan. *Wired for Love* [M]. Oakland: Cal. New Harbinger Publications Inc., 2011.

Steele, Howard & Steele, Miriam, *Clinical Applications of the Adult Attachment Interview* [M]. New York: Guilford PressTatkin, 2008.

Wallin, David. *Attachment in Psychotherapy* [M]. New York: Guilford Press, 2007.

Zeindler, Christine. "Prenatal Maternal Stress" [OL]. *Douglas Mental Health University Institute*, Jan. 2013.

读懂依恋：拥抱更好的亲密关系